海梦冰蓝◆著

# 女人啊，参透才有幸福

the way of the happy woman

## 每个女人都应该明白的生存哲学

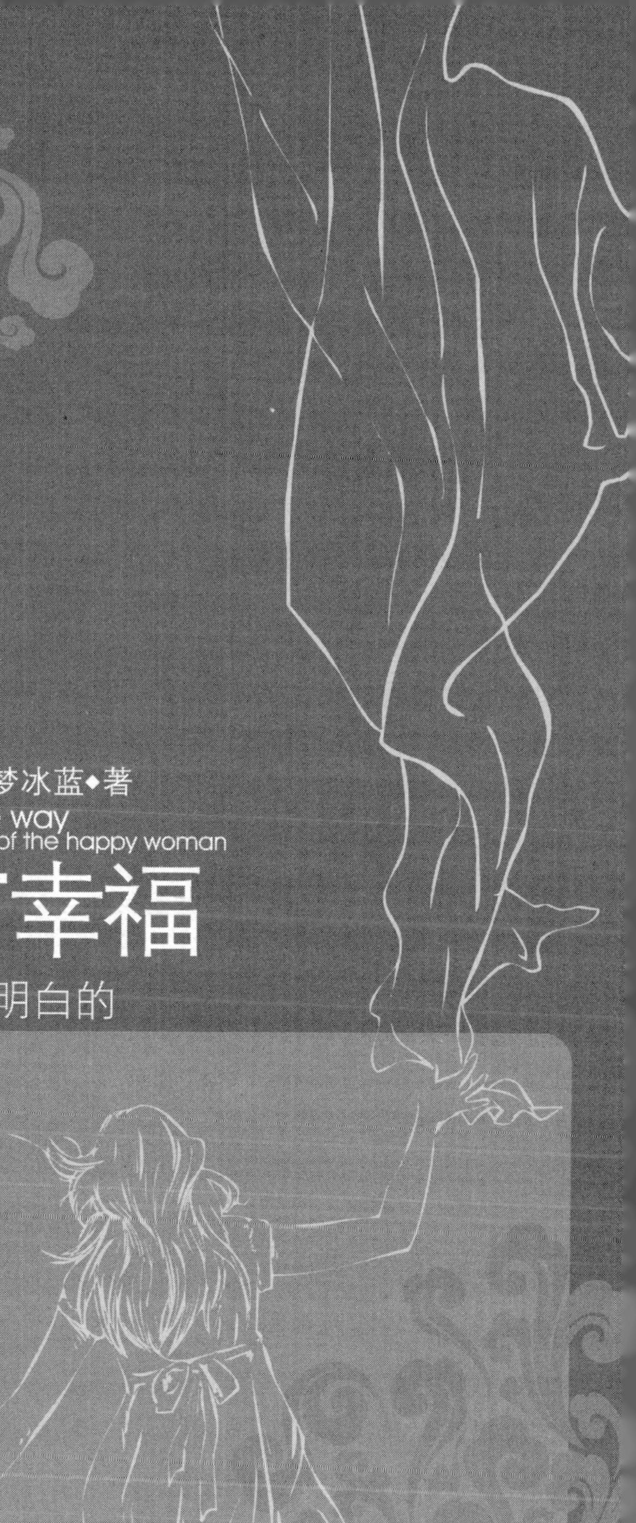

北京航空航天大学出版社
BEIHANG UNIVERSITY PRESS

**图书在版编目（CIP）数据**

女人啊，参透才有幸福 / 海梦冰蓝著 . -- 北京：北京航空航天大学出版社，2013.1

ISBN 978-7-5124-1023-7

Ⅰ. ①女… Ⅱ. ①海… Ⅲ. ①女性 - 成功心理 - 通俗读物 Ⅳ. ① B848.4-49

中国版本图书馆 CIP 数据核字（2012）第 282885 号



**女人啊，参透才有幸福**

海梦冰蓝　著

责任编辑　崔昕昕

*

北京航空航天大学出版社出版发行

北京市海淀区学院路 37 号(邮编 100191)　http://www.buaapress.com.cn

发行部电话:(010)82317024　传真:(010)82328026

读者信箱: bhpress@263.net　邮购电话:(010)82316936

涿州市新华印刷有限公司印装　　各地书店经销

*

开本：700×960　1/16　印张：12.75　字数：183 千字

2013 年 1 月第 1 版　2013 年 1 月第 1 次印刷

ISBN 978-7-5124-1023-7　定价：26.00 元

---

若本书有倒页、脱页、缺页等印装质量问题，请与本社发行部联系调换。联系电话:(010)82317024

# 自　序

## 幸福，源自内心的力量

过去，嫁人被认为是女人最好的选择，找一个有房、有车、有存款的老公，就可以享受幸福的生活，哪怕生活几年离婚了，男人的财产也要分你一半；过去，男人是女人的一座大山，女人在精神上依赖男人，很多事情都等着男人来搞定；过去，女人把男人的付出看作理所当然，觉得那是他们必须做的。

但女人把幸福全寄托在男人身上，把嫁人当投资，在今天这个时代却是一种风险。不断爆出的名人婚变，不断上升的离婚率，多少个幸福家庭危机重重，多少对恩爱夫妻分道扬镳，甚至反目成仇，又有多少个贵妇哭别豪门。

很多网友调侃："这年头爱情靠不住，婚姻靠不住，豪门靠不住，男人更靠不住。"观点虽然片面，但这样的事情却时常发生。一些男人婚前承诺得很好，把你当宝贝一样宠着，可婚后往往却是另一番样子。即便你遇到一个好男人，并且能够给你真正的幸福，你就有安全感吗？男人有破产的时候，也有劳累的时候。一旦男人的优势不再了，女人的幸福也没有了。所以说，幸福不能全靠男人。

幸福，其实更多源自女人内心的自信，而自信的女人要有底气，要有资本，并愿意在婚姻中愿意承担责任。因为在婚姻关系中，双方都是平等的，男人有男人的责任，女人也有女人的任务，幸福需要两个人的努力。因此，女人必须转变自己的婚姻观、幸福观，不把男人当靠山，不等着男人给予幸福，而是主动去创造。

比如，在婚姻家庭中，女人应该以一个主人公的心态与男人共同创造幸福。本书提出了“婚姻是男女的一次合作”的理念：双方为一个共同的目标展开合作——建立和维护幸福的家庭。彼此享受同等的地位和权利，同时承担相应的义务和责任。夫妻都是平等的甲方乙方，你可以不依靠男人养活，你可以有自己的事业，你也有权利不做家务。一切家庭事务需要夫妻双方协作来完成。

当然，有了不靠男人的心态，还必须有不靠男人的实力，有了足够的实力，面对男人才有底气，在家里才有话语权。作家曾子航先生写过一本情感畅销书《女人不“狠”，地位不稳》，这个书名很有震撼力，每个女人看到它都会感到一股力量。

可惜“狠”带着引号，女人要想地位稳，绝对不是一句口号就能解决的，也不是你拴住了男人的心就安枕无忧了。女人要想去掉引号，真正狠起来，关键还得自己有实力才行。有理想，有追求，有工作，有事业，有属于自己的房子，还要有自己可以自由支配的钱。只有实力足了，你才狠得起来，地位才能坐得牢。

女人还要做真实的自己，不活在男人的价值观里，拒绝男人的游戏规则，有自己坚持的爱好、品格，不随波逐流，不盲目攀比。而且，不在男人面前做个受气的小绵羊，遇到家庭暴力，要敢于反抗。在工作中，敢于奋斗，有当领导的机会就不要退却。

不要觉得女人做不到，有数据显示，在班级里，成绩好的总是女生，近些年来，女生进入大学的比例、获得高学历的比例在增大，已经远远超过男性。也就是说，会有更多的女性精英在社会中担当重要角色，女领导、女老板、女作家、女艺术家等。本书正好迎合了这种社会趋势和潮流，告诉女人该怎么做。

而且，未来社会男女比例失调，将有上千万的男人找不到老婆，这就使得女性成为男人疯抢的资源。所以，在未来的世界，未必是谁主宰的世界，但不可否认的是，女人将以自己的姿态，在世界、社会和家庭中争取属于自己的位置。

在本书的编写过程中，我得到了一些朋友的帮助和支持，他们是陈家坤、董贵英、韩素云、陈化平、曹明军、孙锦杰、陈根昌等，在此一并表示感谢。

海梦冰蓝

2012 年 11 月　北京　刘家窑

# 目 录

## 第一章　别把幸福全寄托在男人身上

过去，嫁人一直被认为是女人最好的出路：嫁个好老公，就能过上幸福的生活，这是完全可能的。但是，在当今社会环境下，如果你完全把幸福寄托在男人身上，把嫁人当成一种投资，就会存在一定的风险性。首先，男人不会宠你一辈子，说不定他哪天就会爱上别人。其次，当男人失去了他拥有的一切，你也必须跟着喝稀饭。所以，嫁个好男人很重要，但幸福不全靠男人，女人自己也得努力。



## 第二章　要有向男人说"不"的底气

看到这个标题你可能会想，难道是鼓励你跟男人叫板？其实不是，这里只是想说，如果两个人真的发生了矛盾，如吵架、离婚、分家产等问题时，你是否有足够的底气跟男人对话？你有没有足够的话语权？我们常说经济基础决定话语权，用在夫妻关系中也是如此。女人要想活得有底气，最好有自己的事业，自己的工作，自己支配的钱，以及自己的房子。

## 第三章　不必活在男人的价值观里

在这个世界上，男人占有太多的话语权和社会资源，他们习惯给女人制定各种规则，对女人指手画脚，并要求女人按照他们的价值观活着。他们不仅想束缚女人的行为，甚至想从精神上去引导女人，进而去掌握她们的命运。可是，女人凭什么要按照男人要求的方式活着？凭什么必须遵守男人的游戏规则？女人应该活出真实的自己，有个性，有思想，有追求。



## 第四章　活出自己的个性来才能幸福

有个寓言说，一个国王被世界上最难的问题难倒了，就是女人最想要得到的是什么。国王答不上来，群臣也答不上来。一个巫婆却说出了正确答案：女人最想要的是由她自己决定自己的生活方式。问题这么简单，是男人们很笨吗？其实不是，是因为男人从来不把它当成问题，他们习惯了让女人按照自己要求的模式去生活，忽视了女人的想法和感受。



## 第五章　不做小绵羊，女人该强就要强

2011年，李阳的疯狂再次火了一把，这次不是他的疯狂英语，而是那双打在女人身上的疯狂拳头！但是，他的妻子并没有像大多中国女人那样——抱着家丑不可外扬的态度选择忍受，而是大胆反抗这种暴力行为，并要求对方道歉，甚至提出离开的请求。这种勇气和态度值得女性学习，无论男人多么强悍，自己都不能做受气的小绵羊。



## 第六章　不做躲在男人背后的小女人

有句话说，女人靠征服男人去征服世界。其实，女人完全可以用自己的实力去征服世界，如希拉里、默克尔、王菲等，而且她们在征服了世界后，还征服了男人。女人未必都像她们一样强，但不要总躲

在男人背后做个小女人，不要什么事情都等着男人来帮你，不要没有男人在身边就无所适从。你要有独当一面的能力，要适应男人不在身边的日子，要有胆量主宰自己的生活。



## 第七章 “抹布女”的爱，男人不可怜

根据海岩小说改编的电视剧《拿什么拯救你，我的爱人》曾在多家卫视热播，其中，由美女董璇扮演的祝四萍的一句台词引起广泛讨论，她这样说：“我就像是一块抹布，把你身上的泥土擦干净了，把你擦得像个城里人了，你就把我丢掉了。”从此，“抹布女”这个词诞生了，而祝四萍则成了“抹布女”的代名词。



## 第八章 缘分不要总等着，主动“把男”

在过去，“追”仿佛都是男人才干的事情，女人习惯了等着男人来爱，等着他们来追，否则就一直剩着。但想要获得完美的爱情，总等着不是办法，如果你喜欢的人不追你，难道你就错过这段缘分吗？如果追你的男人都不怎么样，你就甘愿嫁给他们吗？恋爱不是一个人

的事情，女人也该行动了。如今社会进步了，男人可以“把妹”，女人也可以“把男”，没什么不好意思的，你身边肯定有很多女追男的案例。何况还有那么多优秀却不善于表达情感的羞涩男、木讷男、草食男，女人再不主动点，好男人就会被别人抢光了。



## 第九章　女性要强，但不是和男人去战斗

在前面的章节中一直在强调女人要强，要强大自己的内心，敢对男人的潜规则、家庭暴力勇敢说不。但女人强大的目的并不是把男人踩在脚下，或者握着拳头跟男人去战斗。女人强大的目的是维护自己的权利和地位，不让男人小瞧你。两个人在一起，无论谁太强势都不好，双方需要和谐相处。吵架的时候，不要总想争个输赢，通常吵架都是两败俱伤，没有真正的胜利者。也不要自己强大了，便拿出一副大女子主义的派头来，对男人指手画脚，或者让他做你的“家庭煮夫”。

# 第一章

# 别把幸福全寄托在男人身上

过去，嫁人一直被认为是女人最好的出路：嫁个好老公，就能过上幸福的生活，这是完全可能的。但是，在当今社会环境下，如果你完全把幸福寄托在男人身上，把嫁人当成一种投资，就会存在一定的风险性。首先，男人不会宠你一辈子，说不定他哪天就会爱上别人。其次，当男人失去了他拥有的一切，你也必须跟着喝稀饭。所以，嫁个好男人很重要，但幸福不全靠男人，女人自己也得努力。

**微语录：**

海梦冰蓝：是啊，最靠谱的不是男人，而是自己。//@优优：有道理。

@猫嫂语录：不要想让他养着，他不会白养你，不要对他有憧憬，他会变化。其实，世界上除了自己的父亲，其他男人不会永远宠你，要自己宠爱自己。

Pingping: 你享受了优哉的生活，也享受了寂寞。//@海梦冰蓝：全职太太不是女人最好的选择。

@Lady 火山：突然，我觉得自己好可怜哦，好孤独哦，每天一个人到处逛逛走走，然后守候到半夜等一个人回家，我才20几岁，就过着全职太太的生活，没有工作，没有圈子。我不要，我受够了，我不要过这种日子，我要疯了！

小优：连“万能的王小山”都不是万能的。//@海梦冰蓝：是该有个度。

@李兰心：对于女人来说，无论她怎样独立自强，骨子里仍改不了渴望有个可以依赖的肩膀。女人喜欢依赖男人，但是一切要有个度，因为男人不是万能的靠山。

## “嫁”的心态是对自己打折扣

过去，我们活在一种男尊女卑的社会秩序里，天下是男人统治的，家是男人做主的。连什么是美女，什么是妇道，都是男人的审美观和道德标准。这种不公平，决定了女人必须依附于男人，“娶”与“嫁”便是很好的证明。

“娶”字，带有很强的主导性，有得到、占有的意思，而“嫁”带有很强的依附色彩，有给予、送予的意思。女人结婚后，必须要住到男方的家里，有的要跟随男方的姓，被称为某某夫人，最不公平的是，生下的儿女是对方家的“香火”。

从这点说，“嫁”对女人不够厚道，不够尊重，这完全是男人的道德标准，是男人的游戏规则，凭什么要求女人要用嫁的心态面对婚姻？女人要自立，就要打破这种游戏规则，抛开嫁的心态，建立新的婚姻观。

其实，在现代文明社会，婚姻不应再是娶与嫁的问题，而是在一个平等的架构下，男女双方为一个共同的目标展开合作——建立和维护幸福的家庭。彼此享受同等的地位和权利，同时承担相应的义务和责任。传统那种“男主外，女主内”——男人在外赚钱养家，女人照顾老小的家庭模式，会逐渐被合作式婚姻取代。那时，夫妻都是平等的甲方乙方，没有强势和弱势之分，女人可以不依靠男人养活，可以有自己的事业，也有权利不做家务。一切家庭事务需要夫妻双方协作来完成。

按照最新的法律解释，房子不再作为夫妻共同财产进行分割，如果房产证没有女方的名字，你就很难与男人争夺这套房子，如果你没有还房贷，可能连补偿都得不到。而且，父母赠与孩子的房子，不作为夫妻的共同财产进行分割（共同还贷的，给予相应的补偿，但无法争夺所有权）。如果房子是男方父母买的，离婚后女方就很难获得它的所有权。

现在还仅仅只是房子，说不定在不久的将来，连夫妻间的财产都要分得清清楚楚。将来女性还有权利要求孩子跟随自己的姓。

在未来，夫妻作为两个平等的个体，其独立性会越来越强，依赖性越来越弱。到那时，如果你再想只做个贤妻良母，可能有点不靠谱。现实要求女人必须学会独立，有自己的收入，自己可以供房子，在婚姻中与男人一起合作分工。这样，就算男人有一天离开你，你照样能过得很好。

婚姻是一次男女的合作，因此不要总把自己放在一个被嫁者的位置上。女人生来不是为了嫁人而生的，结婚也不应成为女人获得幸福的唯一道路，那样就是对自己打折扣。而且新婚姻法出台，也给了女人警醒。你应该与男人站在一个平等的位置来处置婚姻，不卑不亢，不依赖，不幻想。并学会独立，强大自己的实力和内心。如此，你拥有了婚姻的主动权，还得到了男人和周围人的尊重。

记者曾采访某位国际巨星，问她关于嫁人的事情："女演员的艺术生命很短，你没想过自己以后的出路吗？或者嫁人也是一条不错出路。"因为在当今的娱乐圈，很多女明星都选择了这条路，过着貌似富太太的生活。

这位女星却幽默地回答："男演员也可以嫁人嘛！"接着，她又很认真地说道："女人干吗非要嫁人才是出路？有的人对生活有兴趣，有的人对生活没兴趣，我倒觉得出路不一定驾驭在男人身上。重要的还是女人自己去创造幸福。"

且不管这句话是否发自内心，她对婚姻的态度很值得很多女性学习。嫁一个好老公很重要，但为嫁人而活着是对自己的折扣。而且，你嫁的男人未必靠得住，他今天是个大款，明天是欠债老赖还是阶下囚都说不定。一个 19 岁的女孩嫁给了 50 多岁的娱乐大鳄邓建国，她开始可能觉得自己嫁得不错，谁能想到这个男人穷得银行卡上只有区区几万元。

所以，聪明的女孩不是想着如何更好地嫁掉自己，而是找一个能和自己建立家庭的男人。虽然方式和结果都是相同的，但彼此的心态却截然不同。琳琳就是这样的女孩，我们看她的故事：

琳琳刚毕业没多久，就被父母拉去相亲。琳琳并不急着恋爱，也没这么早结婚的打算。但妈妈却说，女人这辈子，就是为了嫁人而活着的，再好的工作，也不如嫁个好男人。为了这个目标，她整天在给琳琳物色男朋友。

琳琳的妈妈这辈子就是这么过来的，她的妈妈，也就是琳琳的姥姥当年就是这么教育她的。在她们看来，婚姻是女人的归宿，男人是女人的依靠。十几岁做好结婚的准备，二十几岁时，找个好男人嫁掉自己，养儿育女，四十几岁时，为儿女的婚事忙碌。这辈子都是在围绕着这些事情忙忙碌碌。

连琳琳周围的一些女性朋友，也是一门心思想着嫁人。她们工作平平，业绩平平，但每天花枝招展地约会、相亲、参加各种派对聚会，还喜欢跟那些男上司眉来眼去的。她们不再讨论谁的男朋友帅了，变成了讨论谁找了个条件不错的老公，并过上了滋润的生活。有的炫耀自己，有的自卑，有的抱怨。

在新闻里，琳琳还经常看到有些年轻女孩为了少奋斗，为了趁年轻嫁个有钱的老公，早早地就结婚了，被大家称为“毕婚族”。还有媒体报道说，重庆一些90后为了避免成为剩女，在网上公开征婚。

琳琳对这一切都不以为然，嫁人不是她的人生目标。

琳琳想不明白，她们干吗急着嫁掉自己，仿佛她们这辈子就是为嫁人而生的。其实，琳琳也渴望婚姻，也想找个条件好的老公，也怕成为被剩下的一族。但把嫁人当成一种追求的话，她就不屑于此了。

曾有一个年轻的公司老总追求她，说只要嫁给他，她就可以做个全职太太，享受荣华富贵。琳琳没有与他交往，首先，这个男人不是她喜欢的类型，两人没有太多的共同语言；再则，做全职太太也不是她想要的生活。她妈妈还为此惋惜了好一段时间。

也许读到这里，你会认为琳琳会嫁给一个平凡的男人，或是潜力股之类的。都错了，那样的故事显得太俗套了。女人是现实的，都想嫁得好，琳琳也是如此，她后来嫁的老公条件还不错，是某投资公司的合伙人。与别人不同的是，其他女孩是为了嫁得好才结婚，而她是为了找一个可以组建幸福家庭的男人。

重复前面讲的一句话：婚姻是一次男女的合作，不要总把自己放在一个被嫁者的位置上。如此，才能获得男人足够的尊重，当家庭出现矛盾时，你有资格也有底气去面对男人，面对婚姻。这点在下面章节会有详细介绍。

## 男人不会把你当宝贝宠一辈子

男人在恋爱的时候，为了获得你的芳心，总是把你当成宝贝一样宠着，像公主一样供着；为了让你高兴，他会费尽心思制造浪漫、逗你开心，每天有着说不完的情话和发不完的短信；愿意为你做一切事情，特别勤快，特别热情；他的脾气还特别好，处处忍着你，让着你，惯着你，顺着你。

甚至，他常常在你面前含情脉脉地发誓，在你生日的时候大声承诺，说要永远永远对你好，要把你当宝贝宠一辈子。彼时的他，无微不至，任劳任怨，你幸福地以为自己找到了一个真正对自己好的男人。

或者，你爱上了一个有钱且有家室的男人，很受他的宠爱。为了征服你，他拼命地对你好，像《蜗居》里的宋思明遇到了漂亮的海藻，好得令你感动。而且他很舍得为你花钱，给你买名牌的包包，陪你去高档的餐厅，甚至还会送你车子和房子，还愿意与你一起去私奔。他对老婆都没这么好过，你明明知道这样不好，却像海藻一样爱上了这个男人。

但是，男人真的会把你当宝贝宠一辈子吗？或者说，男人凭什么要把你当宝贝一样宠着？你又有什么资格要求男人这么做？

可能几个月，可能几年，或者更长的时间之后，你开始发现，男人不再把你当宝贝一样宠着了，那种公主般的待遇你再也享受不到了。他也会对你发脾气，会把很多的家务都推给你，还会对你指手画脚。如果是有钱男人，他没了激情，对你厌倦了，会把你甩得远远的。有句老话是“十年河东，十年河西”，用在这里就是“十年前，你是他的心肝宝贝，他围着你团团转；十年后，他是你的老大，你要围着他团团转”！

这时的你，内心里充满了失落感和抱怨。你一边感叹自己失宠，怀疑男人不再爱自己了，一边又抱怨男人违背了当初的诺言。然而，这不过是男人再正常不过的表现罢了，真正把你当宝贝宠一辈子的男人太少了。那些把自己当宝贝，幻想并要求男人必须要宠着自己的女人，最后注定是痛苦的。

菲菲至今都还记得老公当年那信誓旦旦的承诺——你就是我的公主，我会把你当宝贝一样宠着。这些话，也许老公早就忘记了，但菲菲没有，她都清楚地记得。然而，现在的老公，完全是另一个样子，脾气很大，甚至还会打她……

要知道，老公在追求她时，费了好大劲才获得她的芳心。那时，她就像一个高贵的公主，对所有的追求者都不冷不热的，不知拒绝了多少男生。老公当年不帅，也谈不上才子，菲菲起初没把他放在眼里，但老公一如既往的热情最后还是打动了她。

菲菲做了他的女朋友，却是一副高高在上的姿态，觉得做她的女朋友是吃亏，是她男朋友这辈子最大的荣幸。她曾学着《河东狮吼》里张柏芝的样子对男朋友说：“从今以后，你只许疼我一个人，要宠我，不能骗我，答应我的每一件事都要做到，对我讲的每一句话都要真心，不许欺负我，骂我，要相信我，别人欺负我，你要在第一时间出来帮我，我开心了，你就要陪着我开心，我不开心了，你就要哄我开心，永远都要觉得我是最漂亮的……这些你都能做到吗？”

男朋友说："能，只要能和你在一起，我做什么都愿意。"那时，他的表情十分诚恳，并把她深深地拥在怀里，不停地重复这句话。

毕业后，他们结婚了。婚后，老公待她还可以，还像宝贝一样宠着她，家务抢着做，挣来的钱都交给她保管，愿意忍受她的公主脾气，处处谦让她。另一方面，她也理所当然地认为老公就应该这样宠着自己，何况这是他的诺言，说了就要做到。

可是，这种好并没有持续太久，老公在经历了婚姻的油盐酱醋后，再加上家庭和事业的压力，渐渐地不再对她百依百顺，还经常跟她吵架，说她太娇气，太懒，还蛮不讲理。恋爱的时候都是拍她的马屁，婚后却开始挑她的毛病。而且，老公的一大堆毛病也暴露出来，当初他身上的一些优点，全都颠倒过来了。

在之后的日子里，两人经常为谁做家务，谁该先认错，谁该管钱的小事情争吵。老公很少再让着她了，有时还会动手打她。每当这时，菲菲总是说："你以前可不是这个样子，你曾经说要把我当宝贝宠一辈子的，难道你都忘记了吗，还是你已经不再爱我了？"说完，一会儿发脾气、摔东西，一会儿又坐在那里抹眼泪。

有一天，老公终于开口反击道："凭什么我要宠你一辈子，是你足够贤惠？足够温柔？还是为了这个家做了足够大的贡献？没有，没有，什么都没有！那我干吗还要把你当宝贝一样宠着？！你平常就像个千金小姐一样，总是等待着我的关心，我的忍耐，我的呵护，我的付出，我累不累啊……"

这些话应该在她老公心里憋很久了。其实，男人在恋爱的时候，在爱情激素的刺激下，为了表现自己的怜香惜玉和男人风度，愿意把女人当宝贝宠着，但坚持一辈子并非每个男人都能做到，太难了。如果女人理所当然地认为，男人必须这样对待她，而自己又不能同等地对待男人时，男人就会疲惫，甚至是拒绝和反抗。读了这个故事，你会发现矛盾的产生，不仅仅是老公的问题，同时也有菲菲自身的问题。

首先，不要对男人存有幻想，别以为他一辈子都会对你那么好，更不要把男人在恋爱时的那些甜言蜜语太当回事儿。因为谁都不知道明天究竟会怎样，所有爱情的承诺在最初时都是美丽的誓言，什么“永远”，什么“爱你一万年”，只是未必经得起岁月的考验。同样，男人对你的好也不是一成不变的，你必须有心理准备去接受现实。等有一天他不再像过去那样宠着你了，如果爱情还在，学会接受男人的转变，不要总抱怨他，真实的生活就是这样的。如果爱情不在了，就别总是纠结于过去了，调整心态寻找新的爱情。

其次，别把自己放在公主的位置上，要求男人必须对你好，必须宠着你。你应该明白，婚姻需要平等的付出，男女都有彼此的责任和义务。当你要求男人必须“爱着我、宠着我、让着我，把我当宝贝一样捧在手心，并且不对其他女人有想法，不做对不起我的事情……”时，你同时也得付出你的爱情、忠诚、热情、温柔、体贴、美丽和责任。如果你做不到，又有什么权利和资格要求男人一直宠着你呢?

所以，受宠不是女人长久的依靠，未来还得靠自己。在你还年轻的时候，不要轻易被男人诱惑，学会爱自己，为自己负责。也不要以为现在有男人宠着就任意挥霍，你得为以后考虑，自己的理想、事业、工作千万不能丢掉。

## 豪门生活看上去很美

普通大众都羡慕明星们光彩的一面，却不知道他们华丽背后的烦恼。接二连三的明星抑郁自杀的新闻说明，在他们看似风光的背后，有着不为常人所知的故事，很多是你看不到的。

现实中也有很多女性朋友，总以为嫁入豪门或与一个有钱的老公结婚，就能过上幸福的好日子。其实，与明星的生活一样，豪门生活在外人看似美好，让无数女子神往，但深处其中的女人们，却有着自己说不完的苦衷。

首先，豪门的媳妇和老婆不是那么好当的。

在古代，做皇帝的女人很风光，荣华富贵享受不尽，但你将失去平凡人的自由，要学会各种规矩和行为举止，要小心翼翼地说话做事，那完全是戴着面具的生活。而且，宫廷里上演着各种斗争，有些想躲都躲不掉，命运就像悬在钢丝上，让人缺少安全感。

豪门也是如此，嫁入豪门得到的未必全是荣华富贵，还有很多的付出和牺牲是外人所不知的。进入豪门就得守规矩，有各种的条条框框限制着你，同时要伺候好公婆，要旺夫，要为这个家庭传宗接代，还要学会保养自己，学习各种礼仪。

她们因此失去了作为普通人的那种自由和快乐，行为规范都必须符合这个家族的要求，必须让公婆看着顺眼，必须做样子给外人看，自己的性格、爱好、小脾气被束缚着，憋屈着，压抑着，更别说随便发火了。再也不能像过去那样想干什么就干什么，就连平常和什么样的人交往，穿什么衣服都不能自己完全做主，必须小心翼翼地活着才行，风光的背后其实有着说不出的烦恼和压抑。

太多的束缚，让很多渴望自由的女孩无法忍受，选择了离开。以明星为例，有很多女明星嫁入豪门，在风光了一段时间后，总是以离婚收场。也许不仅仅是有钱男人花心、性格不合等原因，受不了豪门的种种束缚也是重要原因。

于是，我们看到，一些当红明星在嫁入豪门后便销声匿迹了，当她们再次出现在公众视野时，无外乎几种可能：一是离婚了，受够了豪门生活，有的还会出书，回忆这段不堪的往事，除了豪门生活的不自由和寂寞，甚至会爆料自己长期遭受家暴；二是老公破产了，整个家族要靠她演戏来维持生活，或者替夫还债，表面上看她很乐意，其实内心是很无奈的；三是要摆脱豪门的束缚，做回真实的自己，做自己喜欢的演艺事业。

于是，聪明的女明星就明确表示自己不会嫁入豪门，对她们而言追逐自己喜欢的事业，然后找一个相爱的老公，才是人生最快乐的事情。

明星如此，普通人何尝不是？你若是一个有理想有追求，事业心强，且是一个渴望自由，又不想过早生儿育女的女孩，在选择嫁入豪门时一定要慎重。这个世界上没有完美的幸福选择，在你得到一部分时，必须失去另一部分，豪门生活便是如此。

其次，在婆媳矛盾中，受伤的总是你，你在老公眼里排第三。

普通人家的婆媳矛盾，儿媳和婆婆一般能打个平手，让可怜的老公夹在中间左右为难。一方面他不敢得罪老妈，必须要给老妈面子才行；另一方面也不敢得罪老婆，毕竟两个人要一辈子生活在一起，得罪了老婆也没好日子过。虽然有太多的磕磕碰碰，但总体上你和婆婆在家庭里的位置是平等的，只是谁占上风，谁占下风而已。

但在豪门里就不同了，小儿媳很难占婆婆的上风，如果你遇到一个特别坏的婆婆，那就惨了，必须每天看她的脸色度日，一切的不满只能埋藏在心中。当你们发生矛盾，受欺负的是你，受委屈的也是你，老公每次都是站在老妈的那边，无论你做错了还是没有错，都被认为是你的错。不仅是他老妈，连他的妹妹，他的叔叔，他的表哥的位置可能都比你高，你在老公心中最多能排个第三。

男人所在的家族是一个集体，而你就好像一个外来人，你没有为这个家庭做出多少的贡献，因此在男人心中你比不上其他亲人重要，或许，他很喜欢你，但为了维护家族的脸面，他会毫不留情面地让你受委屈。这时，男人可以得罪你，却不会得罪自己的父母和亲友，男人可以不给你面子，但一定要先给父母面子，男人可以不顾及你的感受，却不能不顾父母的感受。

孔玲玲坐在自己房间里生气，委屈的眼泪流了下来。墙头挂着她和老公的结婚照，照片上她笑得那么灿烂，那么幸福……而在另一个房间里，婆婆的骂声还此起彼伏，老公则在一旁安慰婆婆，让她不要生气，说玲玲还小，不懂事，他会好好批评她的。婆婆说：“必须让她明白这家是谁的，这家里谁说了算。我和你爸辛辛苦苦半辈子才有今天，她为这个家做出了什么贡献，白白享受咱们的还不知足吗？”

这话深深刺痛了孔玲玲的自尊，若是换成别人，她真想和这个女人干一仗。可她现在没有这个底气，她只是一个嫁入豪门的平凡女孩，父母没钱没势，自己也不是在事业上能干的女人。此刻，她只想老公能说句公道话，能安慰一下自己。

玲玲觉得今天明明是婆婆的错，是她先刁难自己的，自己不过对婆婆抱怨了两句，就惹得婆婆大发雷霆，并把儿子叫来诉苦。其实，这已经不是第一次了，她经常被婆婆刁难和指责，不是说她家务做得不好，就是说她乱花钱，还不许她和过去的朋友来往。更让婆婆不满意的是，她嫁到婆家一年了，肚子还没动静。每次她都是忍着，很多委屈都咽在肚子里。今天她身体不舒服，心情很差，当婆婆在指责她不对的时候，就背对着婆婆抱怨了两句。

老公推门进来了，她多么希望老公能主持公道，哪怕安慰一下自己，如此心里还能好受一些。但老公一句安慰都没有就开始批评她的不对，还让她给婆婆道歉。玲玲坚决不道歉，老公一巴掌就打了过来……

玲玲生气回了娘家，老公劝她不要太任性，对她说：“在这个家里必须对我妈好才行，我可以得罪你，但不会得罪我妈。”玲玲在家里住了一个星期后，老公没来接她，又灰溜溜地自己回去了，她不愿舍弃豪门的生活。可她在这个家里活得很压抑，没什么位置，经常受气，十分苦闷。慢慢地，她就抑郁了，为了排解压力经常偷偷跑到一个喧闹的酒吧里宣泄。

玲玲嫁入了豪门，是很多女孩羡慕的对象，但她并不那么快乐。豪门生活不仅没有自由，还有繁多的规矩，而且你很难与其他人享有同等的地位，受气受委屈的总是你。

## 全职太太不是最好的选择

“找一个爱自己又多金的老公，然后辞掉工作做一个快乐的全职太太”，这可能是一些女孩的美好愿望。在她们看来，全职太太的生活很轻松，有大量可支配的空余时间，没有生活的负担和工作压力，但做全职太太真的那么好吗？曾听朋友说过一个全职太太的故事，我们从她身上寻找一下答案吧。

她叫刘梅，70后，十多年前嫁给了相恋多年的男友，当时她最大的心愿就是做一个全职太太，那样自己就可以不用朝九晚五去上班，不用看老板的脸色，没有繁重的工作压力，也不用每天挤公交坐地铁。

她同时会有大把的时间待在家里，照顾老公的生活、洗衣服、做饭，这些都是她喜欢干的事情，然后生个可爱宝宝。除了这些，她还有时间做喜欢的事情，看书啦，逛街啦，或者一个人待在家里看电视……

那时老公是一家公司的业务骨干，每月有着不菲的收入，再加上父母送给他们的一套房子，一个人养活一个家庭绰绰有余。老公于是同意了她的想法，并保证一定会让她幸福地生活，刘梅也笑着说要做他成功背后的女人。

起初，她的主妇生活过得还不错，每天早早起床给丈夫准备早餐，把他要穿的衣服准备好。老公走后，她一个人一边听着音乐，一边打扫房间、洗衣服，忙完这些，躺在沙发里看自己喜欢的电视剧，或者上网，或者阅读各类书籍。几个小时后，她开始做饭给自己吃，一个人想吃什么就做什么，那段时间她的厨艺有了很大的长进。然后打电话给老公，问他中午吃的什么，想没想她。

下午，她会睡一会儿，在三点左右出去逛街、看电影，或者去超市采购日用品，然后去菜市场买菜。回到家，一边哼着歌，一边在厨房里准备丰富的晚餐。饭做好后，坐在沙发上等老公回家。到了晚上，就可以与老公尽情地享受二人世界了，一起看电视，一起玩闹，睡觉前听老公讲讲他公司的趣事。一天就这样过去了，她觉得很快乐很幸福，希望以后的每一天都能如此。

不过，短短半年时间，她就厌倦了这样的生活。每天都无所事事，不知道自己要干什么，心里面特别的空虚和压抑。偌大的一个房间里没人说话，老公在上班，一天当中只有晚上那点短暂的相处时间。她也没什么朋友，曾经的闺蜜都有工作，人家也很忙，平常难以聚在一起。一个人在家看电视无聊，看书没心情，上网也烦。整个人显得很颓废，还特别慵懒，干什么都没劲儿。

于是她靠购物和拼命地吃东西来获得满足感，但结果是增加了老公的负担，让他颇有微词，同时自己的体重增加了，身材走形，老公开始挖苦她，说她像个小肥婆。她觉得这样下去自己会郁闷死的，有了出去再找份工作的打算。

她在一家公司上班不到一个月，却发现自己怀孕了。她担心每天挤公交对胎儿发育不利，便再次辞掉工作专心在家养胎。因为孩子快要出生了，她有了新的寄托和幻想，不再空虚和寂寞了，她还参加了妈妈培训班，为孩子的出生做好了准备。

怀胎十月，她生下了一个可爱的男孩。孩子的出生带给了她很多的快乐，她更不想出去上班了。她每天就这样和儿子在一起，喂奶，哄他睡觉，给他洗澡，看着他一天天地长大，从嘤嘤哭泣，到蹒跚走步，再到会喊她妈妈，她体会了作为母亲的快乐和成就感。不过，这种快乐也没持续太久。孩子大后，老公和长辈们都认为孩子不能天天在家里待着，他需要接触小朋友，需要学校，需要老师。

孩子被送进了幼儿园，偌大的房间里又剩下了她一个人了。刚结婚的时候，她的注意力全在老公的身上，有了孩子后她把所有的心思都倾注在孩子身上，而现在孩子上学了，不用再天天陪着了，她的心里一下子空荡荡的。

她重新把注意力转到老公身上，她觉得在孩子出生后，自己对老公的关注少了很多，夫妻感情渐渐趋于平淡，有时连情话都很少说了，现在忽然又渴望起来。她开始不断给老公打电话，问他在干什么，或者跟他聊一些鸡毛蒜皮的小事情。

老公工作很忙，每次都匆匆说两句就挂断电话，有时还抱怨她不要没事就往公司打电话。可她却多疑起来，整天待在家里胡思乱想。一会儿觉得老公变了，没有以前那么爱自己，一会儿又怀疑老公有外遇。她还经常查老公的手机，有时还会装病，看看老公会不会放下手头的工作马上出现在自己的面前。

刘梅的做法让老公很生气，说她太不可理喻了，越来越像个怨妇。从那时起，吵架成了他们的家常便饭，老公不再让着她了，生气的时候，还会挖苦她、嘲笑她。有次老公说道："你除了在家里面胡思乱想还会什么。你看看现在的你，要身材没身材，要气质没气质，要圈子没圈子，要时尚没时尚，已经和这个时代脱轨了。"

后来，老公提出了离婚，她做梦都没有想到这一天真的会来临。老公说受够她了，和她生活在一起很痛苦。刘梅很伤心，自己这些年为这个家付出了这么多，却得不到丈夫的理解和尊重，突然觉得活得很不值。

不过，在父母的劝说下，同时为了还未长大的孩子，他们没有离婚。但维系他们关系的，已经不再是爱情，而是亲情和责任。后来，老公所在的公司倒闭了，他们的收入一下子锐减。老公重新找了份工作，但薪水很低，难以维持家庭的开支，生活的压力逼得刘梅不得不找份工作来分担经济的压力。

但她已经十年没工作了，远远落后于这个时代，再加上年龄的制约，她的求职之路比应届生还艰难，最后在一个展览中心谋了份后勤工作，每月工资只有两千元。她心里酸酸的，甚至想，如果真的离婚了，她还有能力面对生活吗？

她后来对一个年轻同事说，千万不要做全职太太！

刘梅是一个很有代表性的全职太太，她的遭遇是很多主妇必须要面对的事情。做全职太太久了，在心理方面，你常常会感到孤独、空虚、自卑、猜疑、埋怨、焦虑，整天胡思乱想，偏执又缺乏安全感；在视野方面越来越狭隘，知道和接触的东西太少，容易孤陋寡闻，还有点婆婆妈妈，与老公的差距拉大，老公可能会感到与你没有共同语言；在经济上，由于你没有收入来源，在家里很难有足够的话语权，助长了男人的大男子主义；在能力上，长期不工作，使得你的工作能力逐步退化；在形象方面，不注意穿衣打扮，不善于保养自己，没了往日的光鲜亮丽。

想象一下，多年后你会是什么样子：你越来越像男人的保姆，每天的任务就是照顾一家人的吃喝拉撒，生活乏味没有激情。你和他越来越没有共同语言了，你每天谈的事情都是油盐酱醋和家长里短，而他谈的都是你不懂的事情，像活在两个世界的人。由于关注的事情太少了，你会把所有的心思都倾注在老公身上，怕他有外遇，怕自己失宠，多疑而敏感。但这可苦了男人，说不定真的会把老公推向外遇的境地。

等到有一天男人真的变心了，你除了能分到一些可怜的财产还剩下什么？若房子是老公的婚前财产，男人的房子还是男人的。你发现自己无论在精神上还是财力上都一无所有！那时没有人再觉得你漂亮了，追求你的男人也少了。更悲催的是，找工作屡屡碰壁，人家说你离开的太久了，已经被社会淘汰了。

所以，做全职太太不是女人最好的选择，在准备做全职太太前要认真考虑清楚，如果你真的做了，也别落在男人的后面，多学习，多接触社会，多交朋友，一边充实自己的生活，一边不断提高自己的能力。下面的一些建议希望对你有所帮助。

1. 女人最好要有一份工作。

工作对全职太太而言，未必是为了获得多少薪水，而是给自己找点事情做。这样你就不会感到生活无聊，有同事陪伴，有等待着你完成的工作，生活很充实。同时，你也可以分担老公的压力，吵架的时候老公就不敢随便说他养着你了。

2. 没工作可以给自己找点其他事情做。

如果没工作，可以找点其他的事情做，比如写作，比如学习插花、烹饪，比如练习舞蹈、钢琴，或者参加各种培训班。这些事情会丰富你的生活，分散你的注意力。当你的时间被这些事情占据的时候，你就不会整天胡思乱想，猜想那个不存在的情敌了。

3. 要有自己的圈子。

老是一个人待着肯定会出问题，女人要想在家中不孤单，就应该多接触老公之外的人，要有自己的圈子才行。女人有了自己的圈子，就不会一个人闷着自己了，你可以与闺蜜一起聊天，一起逛街，没男人陪你也会很快乐。

4. 多学习多进步。

多关注一下家庭生活之外的事情，不要被这个时代抛在后面。看看新闻，关注一些热点，电视剧看多了不好。同时还要了解一下老公所从事的领域，这样与老公交流的时候才有话说。你还可以学习一些生存技能，预防万一离婚后的生计问题。

5. 继续保持自己的美丽。

一些女人做了全职太太后，就没以前那样在乎自己的形象了，显得邋遢、不修边幅，喜欢穿着睡衣在房间里走来走去，素面朝天，头发胡乱扎在脑后。久而久之，男人不愿意再带你见他的朋友、出席各种聚会了，他会觉得没面子。而且，男人喜欢新鲜感，喜欢漂亮的女人，放弃美丽就是给男人制造出轨的机会。所以，必须保持你的美丽。

## 做剩女也是一种权利

杨小姐最近很烦，她是一个外企的白领，收入高，长得也漂亮，但26岁了还是单身一个，连男朋友都没交过。自从过了25岁的生日，很多人开始说她是剩女了，都劝她赶紧找个老公结婚，说现在是女人结婚的最佳时机。父母也是着急的很，仿佛她快要嫁不出去一样，没完没了地唠叨她。

杨小姐却一副无所谓的样子，她甚至觉得做剩女也很快乐，没有感情的烦恼，不会被男人伤害，而且一个人自由自在的，想干什么就干什么。至于什么时候结婚，她现在还没有想过，一切随缘吧，或者等自己想结婚时自然会结婚的。她目前对婚姻生活还没心理准备，如果早早地结婚了，肯定是一个不合格的妻子和妈妈。她相信，在人生的某一个路口，总会有一个男人在等待着自己出现。

其实，做剩女也是一种人生选择，就算不结婚也是女人的权利，没人可以干涉。女人不是为婚姻而生的，要不要结婚，什么时候结婚都是自己的事情。有一位嘉宾在接受主持人杨澜的专访时曾说："步入婚姻殿堂并非女性唯一的选择，如果还没有找到自己的真爱，保持独身有什么错吗？相比承受一次失败的婚姻所带来的痛苦，这或许是更好的选择。"

只怪这个社会给了女人太多的束缚、偏见和舆论压力，总是从男人的角度去要求女人，这对女人很不公平。很多时候，女人想早早嫁掉自己以及剩女的种种忧虑，不是来源于自己的内心，而是社会带给自己的压力。当所有人都觉得你该嫁掉自己时，你便不得已而为之，放弃了自己内心的选择。

男人可以在功成名就时选择结婚，可以在 40 岁成为一朵花，女人同样可以，而且比男人更适合做一朵高贵的花。也许有人会说，女人会老的，青春短暂，最好的时光就那几年，25 岁后就没竞争力。况且男人都喜欢 20 几岁的小姑娘，而女人能做到吗？

女人在年轻时更容易嫁掉自己，这是必须承认的现实，但也应该看到，人生有不同的选择。30 岁后的女人同样有竞争力，有男人欣赏，就算一直剩着也能活得很精彩。很多女明星都是在 35 岁后才结婚的，40 岁后结婚的大有人在，她们的老公非富即贵，自己也功成名就。若是她们在 20 几岁时就早早嫁掉自己，一方面离婚的几率大，另一方面她们可能只是普普通通的妻子，与后来的一切成就失之交臂。

还有很多优秀的女人，她们是在褪去了青涩的容颜，慢慢成熟之后，才吸引了大家的目光，成为富有魅力和气质的女人。她们没有被剩下，反而获得了事业和爱情上的胜利果实。有不少主持人、作家、企业管理者、导演、艺术家等都是如此。杨澜、陈鲁豫、吴小莉等给很多女性做出了榜样。她们在年轻时不急着嫁掉自己，把时间用在自己喜欢的事情上，努力提升自己的价值，把自己的魅力传递给每一个人，其中一个便是爱上她的人。

因此，当你决定要做一个剩女，并追逐理想的时候，就不要太在乎外界对你的看法，相信青春的流逝不会消磨你的魅力，偏见阻挡不了你前进的步伐，相反你会越来越自信，气场和光芒会照耀四方。

## 男人不是女人最好的靠山

有人说，男人是女人最好的靠山。这些人把嫁人当成一种投资，期望依靠男人过上自己想要的生活，认为有了男人做靠山，自己就可以少奋斗 20 年。当一些女孩遭遇人生挫折和磨难的时候，周围的人便会告诉她，赶紧找个男人嫁了吧，一个小女人不要太逞强，于是男人和婚姻成了女人的退路和避风港。

有人说，男人是女人的一座大山，他给了女人一个坚强的臂膀，为她遮风挡雨，帮她排忧解难，还给了她一个可以哭泣的胸膛。在这些人看来，有男人的地方女人就有安全感，在男人的庇护下，享受被人呵护的感觉。

还有人说，女人要想在事业上混得好，需要找一个成功的男人为自己撑腰，依靠他的权力给自己提供便利。于是，便出现了一批傍大款的、认干爹的、做情人的女人，并上演了各种的潜规则和桃色新闻。可能她们本身很优秀，但她们太想走捷径了。

但是，男人总有靠不住的时候，把幸福寄托在男人身上是一种风险，那样你将失去掌控自己命运的能力。要知道，男人只在有能力的时候，在爱你的时候，在自己还强大的时候，他才有能力做你的靠山。不靠谱的男人很多，把嫁人当成投资须谨慎，弄不好会损失惨重。一些男人很会伪装自己，装大款，摆阔气，靠花言巧语诱惑你。他们得到了女人，却不能承担起一个男人的责任，最后把女人的信任的投资变成“垃圾股”。

放眼看看这个花花世界，有些女明星风风光光嫁入“豪门”，搞得惊天动地，最后却发现他其实是欠了一屁股债的穷光蛋。还有的骗子把自己装扮成有头有脸的人，以谈恋爱的名义骗财骗色，这个“靠山”给不了你幸福，给的全是欺骗和伤害。

何况还有一些男人会偷情、移情别恋、离婚等，这时依靠越深，意味着受到的伤害就越大。张爱玲就曾遇到她那个不靠谱的男人——胡兰成。据说当年张爱玲在情感上极度依赖胡兰成，把他看成自己一生的依靠，然而，她每次找到他，却都看到他与别的女人混在一起。当自己深爱的男人却同时爱着多个女人时，那种滋味是一种欺骗。

更可恨的是，这个不靠谱的男人不仅没有歉意，还反过来指责张爱玲，靠她寄钱给他度日。被欺骗后的张爱玲终于明白了——男人不是万能的靠山，于是决绝地离开了胡兰成，离开的时候，她曾对他说：“我自将萎谢了。”

就算你选择的男人很靠谱，他能给你一个坚强的臂膀，能让你过上幸福的好日子。但是，你从此就安枕无忧了吗？要知道，再坚强的男人也有疲惫的时候，再成功的男人也有失败的时候，再富有的男人也有破产的时候……

假如，有一天他病了，残疾了，在你面前成为一个弱小者，等待着你的照顾；他失业了，没了经济的来源，一家老小等着吃饭；他疲惫了，希望你能多分担一下他的压力……这个时候，你还能要求他做你的靠山吗？他是否还能为你遮风挡雨？相反，他开始需要你的帮助，希望你为他排忧解难，需要你的呵护。可你在温室里待得太久了，翅膀软了，捕猎的技能也忘了，你救不了自己，更帮不了男人。

因此，男人不是女人最好的靠山，要想获得真正的安全感，还得先靠女人自己。你首先要强大自己的内心，不过分依赖男人，放弃不劳而获的想法。你要有能力应对生命中的各种挑战和挫折，有能力养活自己，甚至能做男人的靠山，照顾他，保护他。

只有这样，当遭遇离婚、男人变心或者他想逃避责任时，你才能够独自面对所发生的一切，承受失去男人的痛苦，并以一种自信的态度开始新的生活；当男人遭遇挫折，不能做你的靠山，不能为你遮风挡雨甚至一无所有时，你能够马上独当一面，帮助男人渡过难关。

也只有这样，你才有信心靠自己的实力在生活、事业上迎接挑战，证明自己，并赢得别人的尊重。同时，在险恶的“江湖”里，你才不会轻易落入男人潜规则的圈套，才能看清一些骗子的真实面目，才有底气对男人说“不”。

# 第二章

# 要有向男人说『不』的底气

看到这个标题你可能会想，难道是鼓励你跟男人叫板？其实不是，这里只是想说，如果两个人真的发生了矛盾，如吵架、离婚、分家产等问题时，你是否有足够的底气跟男人对话？你有没有足够的话语权？我们常说经济基础决定话语权，用在夫妻关系中也是如此。女人要想活得有底气，最好有自己的事业，自己的工作，自己支配的钱，以及自己的房子。

**微语录：**

三省 848528733：不管男人女人都要有自己能自由支配的钱，这是实力，也是独立的必需。//@海梦冰蓝：女人没有底气，就没有真正的安全感。

@吹风大侠好威武：1. 男人的钱是好，但拿人手短，如果你们还没结婚。2. 女人要有一份能养得起自己的事业，爱情不是全部，即使是大部分，很多东西是爱情不能给予的，比如朋友，比如成就感。

海梦冰蓝：你好猛，不过，有房子的女人说话就是有底气。//@pingping：两口子吵架，光声音大没用，还得有实力才行。

@fangfang 方芳：女人一定要有自己的房子。这样就可以在吵架的时候说，你给我 XXX！

## 你有多少向男人说“不”的底气

冯小刚在凤凰卫视某颁奖礼上，曾开玩笑对美女主持沈星说：有影响力的人，他说一句话，顶别人说一万句。

别看冯导如此霸气外露，但他确实能做到。他们的底气来自他们享有的话语权，韩寒一句话能搅动文坛；姚晨一条微博能被千万人关注；“海藻”李念申诉房子问题，任志强都得亲自出马过问……这些普通人能做到吗?

名人的话语权靠的是影响力和知名度，在国际政治较量中，国家的话语权则来自经济实力和军事实力。都说弱国无外交，穷国更没有话语权，旧中国的历史就证明了这点。但这些年来，中国强大了，经济飞速发展，底气越来越足，“中国可以说不”，可以参与国际事务，甚至可以“中国不高兴”——表达自己的抗议和谴责。

夫妻之间也是如此，虽然法律面前夫妻是平等的，都享有同样的权利和义务，但很难在实力上实现平等，可以说，谁的底气足，谁在家里就有发言权。底气来自哪里? 首先便是你的收入、财产的多少，你对家庭的贡献有多大。

经济基础决定家庭关系格局，决定你的话语权的强弱。两个人组成一个家庭，总有收入高的和收入低的，收入高的说话往往要比收入低的说话有底气、有分量，在家庭事务中更有发言权和主导权，在吵架的时候还能占上风。

过去之所以形成“男主外，女主内”的格局，大小事都由男人做主，就是因为男人是赚钱的主力。无论是过去，还是现在，男人都很在乎这些东西，当他无法成为赚钱的主力，或者收入没有女人高时，他就特别有压力，感觉在外边很没面子，在女人面前没底气。

某媒体报道：

周渝民接受陶晶莹访谈，在谈到男星谈恋爱是否有压力时，一代美男子周渝民满脸无奈地说道：“怎么可能（没有）！我的上一段恋情（与大S）告诉我一个道理，男明星恋爱是有压力的，第一个就是男女之间金钱的压力。”

此话不禁让人联想到他与大S“女强男弱”的恋情。周渝民表示，男生天生要把家里重责大任扛在肩上，赚钱能力一定要比女生强，“如果男生赚钱能力比女生弱，或是相当的时候，第一在这个家族里，没有地位说任何话”！

后来，大S嫁给了“京城四少”汪小菲，大S的吸金能力是周渝民无法赶超的，但汪小菲的实力则是大S无法企及的。这个时候谁在家中更有话语权呢，谁更有底气呢？我们不得而知，但从明星贾静雯和孙志浩的离婚事件中或许可知，如果双方实力相差太大，你对话男人的底气就不足，可能在离婚的时候，连孩子都得不到。

谁都渴望有一个和睦的家庭，谈论谁有底气，谁有话语权是很伤感情的事情，但婚姻生活中总有一些不如意的事情发生，如争吵、对方犯错、离婚……当这些事情发生时，你有多少底气去和男人对话，又有多少底气让男人尊重你？

王小姐嫁给了一个主管，她以前只是一个前台，也没什么积蓄，结婚后干脆辞职做了阔太太。然而婚后发觉老公有点大男子主义，特别霸道，什么事情都必须他说了算，包括她交什么朋友，怎么花钱都被干涉。有一次她请朋友在夜总会疯玩了一夜，消费了一千多块，老公就说她乱花钱，还交了一群狐朋狗友。王小姐有点生气，可她又不好说什么，如果是自己的钱她非得跟他理论一番。

家里很多事情她都没有发言权。有一次他们决定装修房子，王小姐觉得自己是女主人，想自己来搞定，但老公没跟她商量，就请来了一个装修公司，两人各不相让争执起来，后来还是听老公的，因为付钱的是他。此外还有很多事情，比如购置什么新家具，是否要买车、买房时，她只有建议权，却没有决定权，一切都是老公说了算。

他还让王小姐在亲戚面前难堪。一次她远在乡下的亲戚来北京打工，想住在他们家几日。她和老公商量，老公不同意，两人吵了一架，但老公说什么都不同意，说房子是他的，不能随便让外人住，说可以出钱让他们住旅店。亲戚见她为难，就投奔其他亲戚去了，这令王小姐很没面子，在亲友面前抬不起头来。

老公还喜欢拈花惹草，与一些女下属关系很暧昧，经常去夜店。王小姐不满，担心老公会出轨，于是警告他要与别的女人保持距离，少去夜店。老公说没做过对不起她的事情，还气焰嚣张地让她不要这么敏感，更不能监视和干涉他的生活。王小姐觉得自己太缺少话语权，太缺少面对老公的底气了。

张小姐则不一样。她和老公都各自有工作和收入，谁都不依靠谁。她是一个杂志社的编辑，北京本地户口，收入中等，有积蓄，并善于理财投资，还有父母赠与的房产。老公是外地人，没有北京户口，但年轻有为，经营着一家文化公司，有房有车。

两人平常也会发生点矛盾，但老公一般都让着她，没打骂过她，也不会过多干涉她花钱的自由。在家庭事务方面，他们会商量着来，话语权一样大，没有“谁主内，谁主外”之分，只有男主人与女主人。

不是老公好脾气，而是他明白老婆是本地人，有房产有积蓄，不靠他照样能过上优哉的生活，而且在创业的时候，老婆和她的家人给予他很大的帮助。所以在老婆面前，他不会得意忘形，只会努力去做一个好老公，让着她，不偷腥，不外遇。

前面曾说，男人向来很在乎自己的话语权，喜欢做一家之主的感觉，你弱他就强，你强他就收敛很多。如果女人自身实力不够强大，没有多少对话男人的底气，就可能遇到王小姐的情况，看着男人霸道独断却无可奈何，也镇不住爱偷腥的男人。张小姐则不同，她的底气十足，有房产，有积蓄，有自己独立的工作。这些都是她自身的资本，丈夫会重视她，也会让着她，不敢搞外遇。

女人的底气和话语权不止表现在经济层面，如果你为男人做出很大的牺牲和付出，比如为支持他的事业，放弃一切承担起照顾家庭、养儿育女的责任，这时你就可以用道德的力量来约束男人，让他有愧疚感，否则他对不起自己的良心。

或者在男人还一无所有时，陪他一起吃苦奋斗，不嫌弃他，不抱怨他，并给他激励和帮助。男人会有一颗感恩的心，回报你，敬重你，不敢轻易做对不起你的事情。关于这些，在下面的小节会详细介绍。

当然，说“不”不是女人的目的，更没必要跟男人争夺话语权，一切家庭战争的结果都是两败俱伤。女人这样做的目的是为了让自己活得有底气，有安全感，有足够的自信面对男人、面对婚姻，同时让男人意识到自己的责任、义务和危机感。

## 【女人要有自己可以支配的钱】

“女人一定要有属于自己的钱！”这是独立女性和理财专家喊出的口号。

女人有钱，面对男人才有底气，在家里才有话语权，活得才有尊严。而且花自己的钱心安理得，你有支配它的权利，比如孝敬父母、借钱给朋友或做自己喜欢的事情。即便你是嫁入豪门，如果有自己可以支配的钱，就不用整天看着老公和婆婆的脸色要钱花了。

有些女孩，没有工作和收入来源，一切开销只能花男人的钱。还有些女孩，虽然有自己的工作，可惜不懂得理财，手里没什么积蓄，赚的钱都被消费掉了。等你用钱的时候，总会受到男人限制，不那么自由。

你花钱太奢侈了，男人可能会有意见；亲戚朋友借钱，要先和男人好好商量，如果他太抠门了，要苦苦哀求才行，不仅心里受气，在亲戚朋友面前也没面子；想做点自己喜欢的事情，得经过他的同意才行，不然就没有“拨款”。若是自己有了可以支配的钱，就不用再看他的脸色了，可以理直气壮去花自己的钱。

一天，刘颖的大学同学找到她，从毕业后，两人三年未见了，她带着同学在北京玩了几天。不过，同学此行是有目的的，她得知刘颖嫁了一个好老公，家境殷实，想向她借五万块开个服装店，刘颖很爽快就答应了。她们是四年的大学舍友和闺蜜，关系很好，有钱总是一起花，还说谁以后有钱就要想着对方。这次老朋友提出借钱，刘颖想着家里有几十万的存款，就想帮帮她。

晚上，刘颖就找老公商量，说自己一个好姐妹开店，想借个几万块用，并说了这位同学的情况以及两人深厚的友谊。没想到老公听后却冷冷地说："三年都没见了，你了解她现在的情况吗？专家都说，几年不见的朋友，无论过去多么要好，你都要重新去认识她。几万块不是小数目，我还有一个新项目要做很需要钱。"

刘颖有些生气："不要总把别人想得那么坏。你到底借还是不借？我可答应了人家，这钱必须要借给她的。"

老公有些不高兴，但还是说："你得让我考虑一下才行。"然后倒头就睡。

几天过去了，老公都没有明确答复，总是以各种理由拖延。那边同学在等着，刘颖有些无奈，一边催促老公，一边又向同学保证一定借给她。可最后老公只同意借出一万块，无论她"怎样一哭二闹三上吊"，老公都不愿意多借出一万。

虽然同学没说什么，但刘颖自己很没面子，担心传出去大家说她是个小气的人。可她有什么办法呢？自己没多少可支配的钱，虽然有工作，但薪水都被自己挥霍掉了。可气的是，几个月后，老公没跟她商量，借给了一个狐朋狗友几万块。

刘颖特别不平衡，质问老公："怎么你可以借给别人我不可以？"老公说："因为这是我自己挣的钱，我有支配它们的权利。如果这些钱都是你的，我绝对不干涉你借给别人。"自从这件事后，她有了多赚钱、多攒钱、多存私房钱的计划。不为别的，就为了以后花钱时不必再看老公的脸色。

那么，女人如何才能有自己支配的钱呢？如果你有能力，找一份收入不错的工作，在事业上获得成功。如果你没工作，可以通过其他途径获得收入，比如兼职、投资、存点私房钱。如果你嫁入豪门或者老公有自己的企业，你可以争取获得一定的股权。下面介绍几种获得收入的来源，找工作就不讨论了，这里只介绍没有固定工作的女性如何赚钱。

1. 争取股权。

有一个女星嫁给内地富商后，决定息影。但过了一段时间，她向男人提出股权的要求，并想让自己家人获得其公司一些业务的经营权。被媒体曝光后，很多人批评她贪财，说她结婚的目的就是为了得到男人的财产。其实，她没有大家想象中那般处心积虑，她要股权，只是为了获得安全感，有自己可以支配的钱，避免自己过于依赖男人。对她而言，她为了男人放弃事业，如果没有收入来源的话，就会在很多方面受制于男人。

2. 主妇通过兼职获得收入。

过去，如果一个女人做了主妇，可能就失去了收入的来源。现在则不同了，到处都有赚钱的机会，如果时间充裕的话，可以找一些自己能胜任的兼职做做。比如兼职撰稿人、兼职插画师、兼职手机报编辑、兼职网络推广，等等。这些工作比较自由，也很安全，只需一台电脑、一根网线，不出家门就能完成工作。

3. 尝试当个网络作家。

这是一个人人都可以当作家的时代，可能你的某个同学某个朋友，他们就是一个潜伏在网络里的作家。只要你的文章好看，有吸引力，你就可以在网上连载自己的小说，通过付费阅读获得收益，甚至还能获得出书的机会。如果你有这方面的才能，不妨试一试。有很多网络女作家都是家庭主妇，她们一边照看孩子，一边码字。当然你要写一些迎合读者口味的小说才行，那种过于文学化的小说不适合在网络上发表。

4. 宅在家里开网店。

开网店大家都不陌生了，很适合待在家里的主妇们。有个女孩，她以很低的价格在服装厂进了几万块的衣服，把它们放在闲置的房间里。然后慢慢地销售它们，每天就是看看网上的订单，然后发快递。半年收回了成本，之后每月都有好几千元的纯收入。还有个女孩会一些手工活，她就制作一些饰品、布娃娃之类的在网上卖，销量时好时坏，不过一年下来，也有几万块的收入。

5. 美女主妇摆地摊。

现在流行白领摆地摊，有个白领说她在上海利用下班时间摆地摊比工作赚的钱都多，有时一天能赚几百块。与其他摆地摊的不同，他们干净、时尚，会说一口流利的普通话，态度和蔼，而且他们卖的东西很对小白领的口味，价格虽贵，但买者甚多。既然白领可以摆地摊，家庭主妇也可以尝试。不要不好意思，放下架子就没什么了。

6. 没收入就存点私房钱。

对一个没工作又没有其他收入来源的女人，你要么掌握家里的财政大权，要么手上有点私房钱。存私房钱未必是“私吞”老公的财产，你可以通过其他方式进行。比如学会砍价、省钱、有效理财，等等。

7. 理财投资。

都说你不理财，财不理你。你把钱放在那里，它不会增多，而且随着物价的上涨，你的钱会越来越少。应该想法让它们增值，进行理财投资。目前常见的理财投资有股票、基金和理财产品，相比银行存款，收益大，但也有风险，投资需谨慎。此外还可以购买黄金、期货等。不过，一切的投资都是资本游戏，切忌用赌的心态去做，要量力而行。

最后需要提醒的是，有收入来源还要学会管钱，留得住钱，别把自己的钱都用在个人消费上。首先要有一定的银行存款计划，若是想投资，不宜把所有钱都买股票和基金，留一定的钱在手中。学会记账，制定自己的消费计划，不该花的钱少花，如果超出预算，想办法在其他方面节省。

## 这个世界不再只是男人在奋斗

有人说：有个好工作，不如嫁个好老公。还有人说：男人要在外打猎，女人在家筑巢。千百年来，女人都被要求以家庭为主，少抛头露面，少干涉朝政，老老实实做男人背后的女人，还有所谓的“妇道”来约束女人。

女人想当皇帝时，男人就说她是野心家；女人热衷事业，男人就说她是白骨精；女人不会做饭、做家务，男人就说她没有女人味……为什么女人必须按照男人的要求活着？她们完全可以做皇帝，可以让男人分担家务，可以追求事业。

在人类进化史上，曾出现过母系社会——女人是生产的主力，家庭要靠女人来养活，女人在男人面前很有威信。在现代社会，那种靠力气打拼天下的时代过去了，女人的竞争力在不断增强。有数据表明，目前从小学到大学，女性的学习能力高于男性，一个班里成绩好的总是女孩子多些，如此她们将更有机会进入大学深造。

有一条香港新闻说：香港15至24岁的青少年，男性比女性还要多出逾1万人，但各项与学习及成绩相关的数字，男生表现都明显较差，无论是中考还是高考等升学考试，男生都“输条街”，以成功入读八大院校者为例，香港女生便较男生多16%，以人数计，逾5500人。

另一条内地新闻也说：武汉部分高校三年来的招生情况，印证了“花多叶少”正成为一种趋势。华中师范大学从2009年到2011年本科新生中女生所占的比例分别为64%、66%、69%；在华中农业大学，此前一直是男多女少，从2010年开始，该校本科新生中，女生人数比例首次达到了50%，2011年女生人数比例达到了51%。

可以预见，在未来会有越来越多的女性精英出现，她们会在各个领域里施展自己的才华，女博士，女老板，女导演比比皆是，社会地位和话语权不逊于男人。

中新网据《文汇报》还报道说：香港整体人口女多男少，近年香港女性出现“两高一低”，即高学历、高收入、低结婚率的情况越来越普遍，男性在社会上的弱势毕现，也令“港女VS港男”议题的争论更激烈。女性成为社会精英的几率开始超越男性。

女人应该有自己的事业，有独立的生存能力，如此才能在平等的基础上，建立一种“合作式婚姻”。其实，事业不仅实现女人的经济独立，还给了女人足够的底气去面对婚姻和生活，让小女人变成大女人，同时提升了女人的魅力和智慧，让女人具有竞争力，能永远保持迷人的风采。

现在聪明的女性开始觉醒了，她们喊出为事业而奋斗的口号，认为即便以后嫁了个好老公，也要把事业继续到底。早些年，在明星林熙蕾事业暗淡的时候，曾有过结婚生小孩的想法。但随着事业发展，名气大增后，林熙蕾对于结婚生子的想法已经改变。她说：“我以前会给自己一个年限，32 岁之前生小孩。但是现在不这么想了。即使结婚，我也不会放弃事业，女人应该有自己的事业，要有自己可以支配的钱。”

艺人小 S（徐熙娣）是另一个事业型女人的典范。虽说她老公家不是什么大豪门，但她做个富太太完全没问题。可小 S 偏不，从结婚至今，她依旧活跃在主持的舞台上，录节目、参加活动、接受采访。有时还经常在内地走穴、代言、开演唱会等，天南海北地奔波忙碌，看上去比姐姐大 S 还要勤奋。

事业的成功让她吸金无数，2010 年台湾地区媒体公布主持人收入排行榜，小 S 名列第二，把综艺天王吴宗宪甩在身后，搭档蔡康永都望尘莫及。她的收入包括《康熙来了》1560 万新台币（约 330 万元人民币）、脐带血等 7 支广告 2100 万新台币（约 444 万元人民币）；内地 5 支广告 2500 万新台币（约 529 万元人民币）、《康熙盛典》4 场 400 万新台币（约 84 万元人民币）。共计收入：6560 万新台币（约 1390 万元人民币）。

赚钱只是一方面，小 S 更热爱自己的主持事业，这份工作给了她快乐和激情，她可以接触到很多的朋友，听很多不同的故事。事业型的女人一旦让她停顿下来，她会找不到生活的感觉，干什么都没劲儿，只有工作才是她的良药。

就连嫁入豪门并且生子的赵薇也说："现在相夫教子已经不流行了，我更想像刘德华那样成为常青树。而且在家待了那么长时间，我待着就觉得自己挺弱智的，我也尝试过经商，但都不太好，看来，除了演艺，别的方面我很难有发展。"赵薇表示自己不会退出娱乐圈，会继续自己的演艺事业。

然而，男人这时会有些不乐意了，都去干事业了，谁来做家务？谁来照顾孩子？何况女人总是生孩子的，总要把主要的精力放在家庭上。但是法律没有规定必须由女人来做家务，也没有规定女人一结婚就得生孩子。男人可以干事业，女人同样可以，女人可以做家务，男人同样不能偷懒。

按照"合作式婚姻"的原则，家庭没有"男主外，女主内"之分，只有一起分工和协作。女人完全可以要求男人来分担家务，如果都没时间，请个保姆也是一种选择；若是正处于事业的关键期，女人也有暂时不生孩子的权利；如果有了孩子，你也有权利要求男人分出一些精力来照顾孩子。

有位女士是医院里的主任，白天的工作被排得满满的，忙的时候连吃饭的工夫都没有。下班回到家，她还要接送孩子、洗衣服、做饭、打扫房间，太多的事情等着她去做。这样的生活让她很劳累，更让她感到委屈的是，老公回到家什么都懒得干，她做饭的时候他在楼下与人下棋，她做家务的时候，他却跷着二郎腿抽烟，一副很优哉的样子。

她觉得这很不公平，自己付出的太多了。大家都在外边打拼，挣的钱都差不多，凭什么这些事情要由她一个人来做，女人天生就是做家务的吗？为此，她向老公提出了抗议，希望他能一起来分担。老公认真想想，自己确实不应该大男子主义，之后开始尝试做一些家务。后来俩人还制定了明确的分工计划：老公接送孩子、买菜、洗碗，她来做饭、洗衣服、打扫房间。下班晚时，她还能吃上老公做的饭菜，她觉得自己很幸福。

不过，女人毕竟是女人，事业可以坚持，但不应该成为你的全部，你还需要把一定的精力用在家庭和丈夫身上，否则，你跟那些跷着二郎腿吞云吐雾的男人有什么区别？如果你是女强人，在男人面前也不要太强势了，给男人点面子，照顾一下他敏感的小自尊。同时，不要丢了女人味，多点温柔、体贴，偶尔也要在男人面前撒撒娇。

## 女人应该有自己的房子

早些年，女人都想找有房子的老公，丈母娘也发话说：要想娶走我女儿，先去搞一套房再说！他们认为房子能给女人安全感，也相信男方的房子婚后有一半是自己的（之前房子属于夫妻的共同财产）。

于是，男人们开始为房子奋斗，有的啃老（让父母买房），有的借贷做了房奴。房子成为男人最值得炫耀的资本，在恋爱相亲时，一旦说自己有几套房，此人受到女人的关注就会多很多。若是没有房子，其他条件再好，女孩都懒得搭理他。

然而新婚姻法颁布后，让女孩子和丈母娘们都傻了，"买房不坑爹，改坑丈母娘"成为流行语。如今嫁给一个有房的老公，房子未必有你的份，将来离婚时可能要净身出户。就算你与老公一起还房贷，如果房产证上没有自己的名字，你也很难享受房子的所有权。

我们还是先看看新婚姻法究竟规定了什么：

第7条规定：婚后由一方父母出资为子女购买的不动产，产权登记在出资人子女名下的，可视为只对自己子女一方的赠与，该不动产应认定为夫妻一方的个人财产。由双方父母出资购买的不动产，产权登记在一方子女名下的，该不动产可认定为双方按照各自父母的出资份额按份共有，但当事人另有约定的除外。

第10条规定：夫妻一方婚前签订不动产买卖合同，以个人财产支付首付款并在银行贷款，婚后用夫妻共同财产还贷，不动产登记于首付款支付方名下的，离婚时该不动产由双方协议处理。如不能达成协议的，人民法院可以判决该不动产归产权登记一方，尚未归还的贷款为产权登记一方的个人债务。双方婚后共同还贷支付的款项及其相对应财产增值部分，离婚时应根据婚姻法第三十九条第一款规定的原则，由产权登记一方对另一方进行补偿。

第12条规定：婚姻关系存续期间，双方用夫妻共同财产出资购买以一方父母名义参加房改的房屋，产权登记在一方父母名下，离婚时另一方主张按照夫妻共同财产对该房屋进行分割的，人民法院不予支持。购买该房屋时的出资，可以作为债权处理。

现实正在改变女人的价值观，女人们开始醒悟：嫁给有房的男人、嫁给“富二代”又能怎样？如果房子的所有权不是你的，一旦离婚，自己不过是男人的房客而已，男人有权赶你走。这样悲惨的故事陆续上演，比如下面这个：

张欣当年以嫁给了一个有房子的老公引以为豪，她家有三套房子，两套是老公父母给他们的，一套是老公自己一次性购买的。她想家里有三套房，哪怕离婚了，自己也能分得一套，所以她从来没想过自己要买一套。当时她父母有一套房子想给她，她觉得没那个必要，于是父母就卖掉了。她当时收入不错，有姐妹劝她供一套房子，她还是觉得没那个必要。她的钱都用在个人消费上了，几年下来没什么积蓄。

然而，婚后生活并不让她满意，婆婆不喜欢她，整天与她作对。老公也不那么安分，在外边有情人。几年下来，她对婚姻失去了信心，决定与丈夫离婚。当时她盘算离婚后自己至少能分一套房，为此，她与老公在分割财产上争论不休。她认为房子是夫妻的共同财产，就应该进行分割，婆婆则不情愿。

不久新婚姻法就颁布了，婆婆突然理直气壮地要把她赶出家门，说这房子是他们家的，离婚了就没她的份。她咨询了律师，对方很惋惜地告诉她，如果早一个月离婚，或许她还能分一套房子，但现在没希望了。

离婚后，她回到了娘家住，但那不是长久之计，父母的房子很小，她只得在外边租房。她现在很后悔没有要父母的那套房子，后悔自己没有买一套。现在，她没什么积蓄，日子过得很窘迫。

所以，女人要想结婚不吃亏，要想在男人面前有底气，要想离婚后有保障，有自己的房子才是王道。

目前，女人应对婚姻变故比较保险的办法，就是在房产证上补上自己的名字。所以，很多女性和丈母娘都开始忙活起来，她们要求在房产证上加上自己的名字，这样一旦离婚就可以分割房子，操作起来也不难。专家介绍说："如果是夫妻关系，在房产证上加名字比较简单，只需要交付手续费；而如果是父母的房子要加孩子的名字，就需要按房子的具体情况纳税。"

在这种情况下，一些丈母娘对未来的女婿提出了新的要求：要想娶走我女儿，先买一套房子，然后署上我女儿的名字，如果你有房子，就加上我女儿的名字。或者，结婚前要求男方先把他妈给的老房子卖掉，再买一套新的，房产证上写上男女两人的名字，不这样办就休想结婚。在电视剧《夏妍的秋天》中，夏妍的二舅妈就对印小天说了这句话。这也使得很多本打算结婚的恋人，现在都改变了主意，为了房子伤感情，男人们左右为难。

不过，修改房产证只是权宜之计，暂时的对策，并过于伤害夫妻间的信任和感情，从长远的利益看，女人最好要有自己的房子，比如自己买房，自己还房贷。过去，女性没有买房的传统，都认为房子是男人的事情。现在时代不同了，女性需要独立，需要有足够多的资本，应该有事业，更应该有一套完全属于自己的房子。

现在自己买房的女人越来越多，特别是那些还没有结婚的独立女性。在她们看来，自己可以不结婚，可以不谈恋爱，可以一辈子单身，却不能一辈子没有房子。过去，男人是女人的靠山，有男人在就不怕，现在事业和房子才是女人的靠山。房子之于女人，不仅是生活的必需品，还是她安身立命的地方，是心灵的归宿。没有房子，女人就少了些安全感。

女人不同于男人，男人可以四处流浪和漂泊，但女人不可以。你可以想象一个光棍永远没有房子的样子，却无法想象一个单身女人永远没有房子的样子。如果你大龄剩女或者离婚了，没有安身的定所，到处颠沛流离，那将是多么的孤独可怜。

所以，如果问一个女性“你想自己有套房子吗”，相信很多女性都会给出肯定的回答。随着现在有能力、有魅力、有资金的个性女性越来越多，拥有一套或几套自己的房产，让自己多一份可靠的保障，已经成为很多单身女性的追求。

## 男人不会抛弃陪他一路走来的女人

放眼这个社会，一部分男人在成功或者有钱后，常对自己的老婆不满意，有的在外偷情、“包二奶”，有的干脆离婚找个更年轻、更漂亮的女人。那些有钱人就不说了，仅一些名人（包括巨星级的，如大导演，大笑星，国际影帝等）的离婚故事就够谈上一夜的。

然而，有一类女人男人断然不敢抛弃她，即便他犯下出轨的错误，也不会轻易提出离婚。为何呢？是她们很有魅力，还是她们有钱有势？都不是，因为她们在自己最好的年华里，陪男人走过最落魄、最艰难的人生阶段，陪他吃苦奋斗，与他并肩作战，不离不弃，这是她们的资本。男人成功后，会带着感恩的心对待她们，尊重她们，愿意忍受她们的缺点。让他抛弃这个女人是做不到的，他必须把婚姻坚持到最后。

23岁的孔玲玲在一次聚会上结识了刘经理，不久两人就勾搭上了。刘经理35岁左右，青年才俊，在商界小有名气，自己经营着一家公司，收入颇丰。他见孔玲玲年轻可爱，遂有追求之心，可自己已有家室，夫妻激情虽已消耗殆尽，却感情颇深，不曾有离婚的念头。不过，成功的男人，心里头总按捺不住偷腥的欲望，蠢蠢欲动，像《蜗居》里的宋思明一样，渴望第二春的出现。所以，他不过是想找个情人罢了。

再说孔玲玲，那时她刚毕业不久，虽有一个帅气的男朋友，但那人不思进取，毕业多年还是个“蚁族”，令她很不满意。看着周围的姐妹都结婚了，她很着急，也想着能找个好归宿。刘经理的出现，给了她希望。恰在那时，她刚丢了工作，求职不顺，刘经理便让她到自己的公司做了文员。

两个各怀鬼胎的人，在一起定能擦出火花来。他们有了男女之情，为泡女人，他舍得花钱，而她也得到了名牌包包、衣服、鞋子，开上了小车，住进了他名下一套洋房里。正当她幻想着做个富太太时，男人告诉她其实自己有老婆，希望她能做自己的情人，但他保证会给她想要的生活，只要不结婚就行。

孔玲玲有种被骗的感觉，期间有要离开他的想法。一个闺蜜开导她，你可以想法打败她的老婆做正室呀。这个男人既然敢在外边找女人，就说明他的婚姻不幸福。孔玲玲就听信了闺蜜的话，开始使用各种手段、心计想法转正。

她也了解到，男人的老婆现在人老珠黄了（大男人五岁），脾气特别差，不温柔，没情调，还有些性冷淡。她则年轻、漂亮、聪明，而且对男人热情周到，在她这里男人能得到满足和面子，她有了志在必得的信心。

孔玲玲甚至找过男人的老婆，希望她能退出。没想到，男人的老婆根本不把她放在眼里，说她的男人不会跟自己离婚的，并劝孔玲玲不要无耻地做小三。正当她幻想着男人跟他的老婆离婚时，男人却自己提出了分手。

孔玲玲想不明白，自己哪点比不上那个老女人。他质问男人，男人告诉她，即便自己遇到再好的女人，他都不会跟老婆离婚的。因为老婆在他一无所有时就跟着他，支持他，鼓励他，还借钱帮他创业。他今天的一切，有一部分是老婆的功劳，他尊重她，感激她。他在外边找女人，本身已经不对，如果再跟老婆离婚，那他就真的不是男人了。

事已至此，孔玲玲想得到一些补偿，哪怕房子和车子留给她也行。男人的妻子知道后，断然拒绝，她说新婚姻法取消婚外同居约定补偿，不服就告去吧！这次，孔玲玲彻底失败了。她之前的男朋友和一个女孩“裸婚”了，他很爱现在的妻子……

可见，男人尊重那些陪他吃苦奋斗过的女人，无论孔玲玲条件多好，都不能代替妻子在男人心中的位置，不是他老婆有多大的魅力，而是她为这个男人付出了很多实实在在的东西，这就是她最大的底气和资本。

要知道，任何男人成功都是用汗水换来的，他过去不吃苦就难以有今天的成就（“富二代”、违法犯罪者除外）。若一个女人在男人成功之后，才去分享他的幸福，男人不会对她有太多的感恩和愧疚感，他们会摆出一副高高在上的姿态，做事情很少顾及女人的感受，女人也没有多少与男人叫板的资本。如果哪天他对你没兴趣了，或者有外遇了，他会很无情地把你一脚踢开，有些甚至连一套房子都不愿分给你。

所以，如今便有人感叹说：“嫁有钱人、做二奶当情人，不如嫁一个潜力股更划算，陪他吃苦奋斗，一起努力，一起买房！”投资给“潜力股”，可能现在需要付出的很多，但当他“升值”的时候，他便会回报你。

事实上，“潜力股”才是女人嫁人的主流选择，因为条件好的男人毕竟是少数（有一部分还是不靠谱的），而且与你竞争的人太多，嫁过去也未必得到应有的尊重，女人要想有一个幸福的未来，应该考虑那些正在奋斗的男人。

大部分男人年轻时都一无所有，每个成功者都有他起步的阶段。暂时低收入，做“蚁族”，挤公交，没钱买房没车都是很正常的事情，白岩松当年住过地下室，孟非当年是打杂的临时工，王宝强做过建筑工人……

如果在这个阶段，你能不嫌弃他，给他鼓励和支持，陪他走过人生最黯淡的时光，等他成功时，你就是他的功臣。男人是懂得感恩的，那些曾经帮助过他的男人，他当兄弟看待；那些陪他一路走来的女人，他会用一生去呵护。

小沈阳这个名字大家再熟悉不过了，他是赵本山的徒弟，2009 年春晚的一部小品《不差钱》成就了小沈阳。成名后，除了感谢师傅，他还特别感谢那个在背后默默支持他的妻子，并信誓旦旦地保证不会和妻子离婚。2011 年有媒体爆出有第三者插足他们的婚姻，在人们都觉得这段婚姻要出问题时，事实证明一切是谣言。作为一个男人，小沈阳没有放弃与自己一起吃苦奋斗的女人。

小沈阳原名叫沈鹤，他的妻子叫沈春阳。当年，从小喜欢二人转的小沈阳去长春准备找个搭档，经别人介绍，认识了沈春阳，两个人从此成为搭档。在长期的相处中，两人渐渐产生了感情，然后恋爱，并走进了婚姻的殿堂。为了这份爱情，他甚至把自己的名字改成了小沈阳。在妻子的支持下，小沈阳迅速成长，凭借自己出色的表演，被赵本山看重，并成为他的徒弟。为了感谢妻子的默默支持，小沈阳对妻子也十分疼爱，处处让着妻子，还把演出赚来的钱全部上交给老婆保管。

小沈阳还经常在媒体面前感谢自己的妻子，他曾告诉记者说："我的那些笑话，一半是媳妇帮我整出来的，她教我怎么梳头，怎么别发卡，我身上穿的戴的都是她帮我设计、帮我做的。重要的事，我俩都一起商量，她对我的帮助确实不小。"

成为赵本山的徒弟后，妻子继续支持小沈阳，而小沈阳依然对妻子死心塌地。据说早在几年前，小沈阳小有名气时，就有很多女粉丝向他大胆求爱，但小沈阳总是亮出自己的已婚身份，春晚成名后还主动在博客上贴出和妻子的亲密照片，以证明两个人十分恩爱。

很多明星成名后都离开了自己的糟粕之妻，于是有人便猜测小沈阳会不会走他们的老路子。但小沈阳大胆承诺不会抛弃妻子，他说："我已经习惯了妻子沈春阳在身边的生活。我十分感谢她，没有她就没有我的今天。"

当然，并不是每支“潜力股”最后都能变成“绩优股”，也不是每个男人都怀有一颗感恩的心。若他只是个“垃圾股”，你的付出就难以有回报，说不定还要倒贴自己。所以，擦亮眼睛，慎重选准值得付出的男人。

首先，他必须是个有责任感，对婚姻忠诚，并懂得感恩的男人，这样的人日后才能对你好，也不容易出轨。其次，他要有一定的本事，比如工作能力、技能等，有上升的可能性，能给你未来的希望。最后，他必须是个勤奋的人，有激情有斗志有野心，一旦抓住机会，就能蓄势而动。

# 第三章

# 不必活在男人的价值观里

在这个世界上，男人占有太多的话语权和社会资源，他们习惯给女人制定各种规则，对女人指手画脚，并要求女人按照他们的价值观活着。他们不仅想束缚女人的行为，甚至想从精神上去引导女人，进而去掌握她们的命运。可是，女人凭什么要按照男人要求的方式活着？凭什么必须遵守男人的游戏规则？女人应该活出真实的自己，有个性，有思想，有追求。

**微语录：**

angellaxu：女人一定要有自己的个性。不要什么都听男人的。//@海梦冰蓝：世界上本来没什么笨女人，只有被男人价值观俘虏的笨女人。

@陆琪V：感情上的事，女人还是笨点好，不要男人使个眼色，就心领神会屁颠屁颠主动凑上去。女人还是懒点好，不要男人说句来看我，就买飞机票急匆匆赶去。女人还是娇点好，不要男人一任性，马上母爱泛滥把他拥入怀中。

海梦冰蓝：女人不是男人的高级保姆，必须学会做自己。

@妮妮燕燕：女人啊，真的要自强自立。不要什么都听男人的，不要做男人的保姆，否则他会觉得理所应当。并不是只有女人才要做家务，男人也要。

韩小野：实际上，女人也可以改变男人的价值观。//@海梦冰蓝：敢于坚持自己。

@柳絮的春天：女人一生下来，接受教育，长成二十多岁的姑娘，这个过程使每个人都有了自己的人生观、价值观，并且为实现自己的价值而奋斗着。我们叫做追梦。偶然间你的世界里出现个让你倾心的人，为了这个人我们就要改变自己的人生方向吗？

## 不必按照男人的要求做女人

在古代，女性一直处于从属、被压制、不被尊重的境地，她们受尽了不公平的待遇。男人们习惯拿“妇道”作为幌子，来维护自己的地位和价值观，并以一个占有者的姿态来要求女人，给她们制定各种苛刻的规则，规定她们该如何做事，如何穿衣打扮，如何遵守伦理道德。连什么是女性美德，什么是良家妇女也是男人说了算。

过去男人占据着太多的话语权和社会资源，那时女性意识还没有觉醒，处于弱势地位。无论统治者、普通民众，还是所谓思想家、理学家、道德家和文学家，都过多地强调男性意识，并把一套价值观强加给女性，逼迫她们去遵守。

孔子曾说“唯女子和小人不可教也”，在儒家经典之作《曲礼》中，有诸如《女诫》、《内训》之类专门针对女性的“三从四德”，后来还出现了“七出”、“四礼”等教条，对女性进行所谓的妇德、妇道等教育，把她们限制在一个个条条框框里，就像紧箍咒一样，约束她们的个性和自由。可能有些是积极的，如孝敬父母等，但更多的是对女性的不尊重以及精神和身体的摧残。

“三从四德”及“七出”“四礼”的内容如下：

“三从四德”，指的是古代女子要遵从的道德。

“三从”：在家从父，出嫁从夫，夫死从子。

“四德”：妇德、妇容、妇言、妇功。

“七出”：古代社会丈夫遗弃妻子的七种条款，实际上是封建宗法制度为维护夫权而制定的迫害妇女的封建礼教。也叫“七去”、“七弃”。

“妇人有七弃”：无子弃，绝世也；淫泆弃，乱类也；不事舅姑弃，悖德也；口舌弃，离亲也；盗窃弃，反义也；嫉妒弃，乱家也；恶疾弃，不可奉宗庙也。

“四礼”：妇事夫有四礼焉。鸡初鸣，咸盥漱，栉縰笄总而朝，君臣之道也。恻隐之恩，父子之道也。会计有无，兄弟之道也。闺閫之内，衽席之上，朋友之道也。

男人们还对女人的穿衣打扮、行为举止都提出严格的要求。比如笑不露齿，行不能有风，衣要遮体，不得显露皮肤。这些规定在当今的阿拉伯世界依旧存在着，那里的女人从头到脚都被黑衣严严实实地包裹着，你很难看清她的庐山真面目。是她们自己想这么穿吗？说到底，还是男性价值观在作祟，他们不想让她们露得太多。

由于没有足够的社会地位，女人经常受到冷落、排挤等不公平对待。比如男人说话的时候，他们叫女人不能随便插嘴；家里来了客，女人不能落座；村里一些仪式，女人不能参加；男人的决定女人要遵从，而女人的想法男人却有否定的权利。

女人有时更是受到残酷的人身摧残。旧中国，男人喜欢小脚的女人，大脚会受到歧视。文人们甚至总结出了小脚的“四美”(形、质、姿、神)、“三美”(肥、软、秀)。于是，男人要求女人裹脚，男人满意了，可却苦了女人。女人在很小的时候就开始缠足，其方法是用长布条将拇趾以外的四个脚趾连同脚掌折断弯向脚心，形成“笋”形的“三寸金莲”，限制脚的发育。这个过程是很残忍的，让好好的脚成了畸形，走起路来很不方便。

比裹脚更残忍的是非洲的一些“成人礼”。据媒体报道，索马里一代的部落盛行一种风俗，认为两腿之间有很不好的东西（阴蒂、阴唇），这样的女人被认为是肮脏的、纵欲的、不能娶的，必须切除它们。于是，在女孩成人的时候，有人会残忍地用刀片切割女孩下体。

此外，旧时还有很多惩罚女性的酷刑，这里就不多介绍了。总之在旧社会，女人们受尽了男人的苦和不公平的对待，她们被压抑着，憋屈着，不能按照自己的想法活着。现代社会，提倡人人都是平等的，男人不能主宰女人的命运，更没有权利要求女人该怎么活着。男人对女人应该多些尊重和理解。

女性作为一个独立的个体，有权利决定自己的活法，决定自己的思考方式和行为方式。你应该大胆活出真实的自己，有想法，有个性，有追求，有自己的原则。你甚至可以拒绝男人的要求，并提出自己的要求。如本书前面提到的，你可以拒绝一个人做家务，要求男人来分担一些。你可以暂时不生孩子，或者要求孩子跟随自己的姓。你还可以拒绝男人给你的安排，按照自己喜欢的方式进行。

女人还要有自己的价值观及对事物的判断标准。男人认为好的东西，未必就是你喜欢的；男人认为对的事情，你未必就赞同；别人都不认同或不看好的，你也可以坚持自己的想法。在现实生活中，男女总会在一些问题上发生争执，在价值观、审美标准和处理事情的方法上产生分歧。当矛盾和危机出现时，不要轻易丢弃自己的原则，有理就争，有想法就坚持，当然没理也要学会倾听。

不过，你必须明白，坚持做自己，用自己的方式去思考，并不是要“我行我素”，对男人的话充耳不闻。你应该以合作的态度，与男人友好相处，善于沟通协作，通过两人一起努力，把爱情、婚姻经营得幸福美满。

## 别一味顺从男人世界的规则

有人的地方就有规则的存在。在国家之间，有着复杂的外交规则；在朋友之间，有着相处的规则；在生意场上有商业规则；在职场上有打工的规则；在演艺圈有做艺人的规则。这些规则有好有坏，有明有暗，比如潜规则。

同样，在男人和女人之间，也有规则，它存在于男女相处的各个方面，恋爱、结婚、工作、婚外情等。然而，有些规则似乎总被男人占据着主动权，或者说，这些规则都是男人世界的产物，由他们制定和掌控。

比如，两人在恋爱时，虽说女孩是被追、被宠爱的一方，但恋爱的节奏和方式，以及怎么玩、怎么浪漫、怎么约会，其主动权却往往在男人手中。女孩只是在男人的爱情规则里，跟着他吃，跟着他玩，跟着他享受爱情的浪漫。在这个过程中女性常是被动的角色，等待人来追，接受或拒绝男人的求爱，去享受男人安排、制造的一切。

等恋爱到一定程度，男人就想得到你的身体，说那是你爱他的最好证明，还说周围的人都在同居，不算什么，连哄带骗让你就范。但这不过是男人喜欢的规则，在他觉得理所当然时，你若不愿意为何要迎合他呢？没有麻烦的总是男人，分手时他可以潇洒走人，女人却不能如此洒脱。有个大二女生就曾为这种事烦恼。

大二时，美女静静有幸成为学校晚会的主持人，她精彩的表现给某学长留下了深刻的印象。此后，学长开始四处打探她，并展开了热烈的追求。正处于单身中的静静，见学长很符合自己选男朋友的标准——风流倜傥，多才多艺，风趣幽默，且是学生会里的干部，就同意了做他女朋友。

做他的女朋友确实是件很幸福的事情，他很懂浪漫，会讨女孩欢心，能帮静静解决很多事情。可他同时也有点霸道，整个恋爱过程都是在他喜欢的规则里进行，他认为恋人间应该这样相处，生日应该那样过，矛盾应该如此处理……

交往几个月后，男友向她提出了开房的请求，被静静拒绝了。她是一个单纯的女孩，有自己恋爱的底线，但男友却是一副不达目的不罢休的态度，一会信誓旦旦说些甜言蜜语感动她，一会又给她洗脑，说现在的恋人都这样。

静静多次拒绝他，希望他打消这个念头。男友被拒绝后开始抱怨静静并不那么在乎他，跟她闹情绪，往日那种热情也不再了。静静那时已经爱上了这个男生，不想失去他，看到周围的那些男女，她犹豫了。

然而一件事情改变了她的态度。她宿舍有个女生，因与男友在外同居，不幸怀孕，弄得全校皆知。老师批评她，父母责骂她，同学们议论她，男朋友让她赶快去做流产手术。当她做完手术不久后，男友却又喜欢上了别的女生，她一气之下分手了，从身体到精神备受伤害的她，曾想过自杀。

该女生劝静静不要太过顺从男人的想法，也不要总跟着他的节奏走，而应该在爱情的游戏规则里掌握主动权，否则吃亏的就是自己。那以后，静静的态度就更加坚决了，而男友渐渐疏远了她，可她不在乎。她想，一个男人因为暂时得不到女人的身体，就放弃自己的追求，这样的爱情何谈真诚？她后来得知，男友是个“把妹”高手，前后已经交了好几个，她不过是他其中的一个猎物罢了。

还有的女人不幸误入歧途，爱上一个有家室的男人，无奈成为他的地下情人。男人想长期维持这种关系，过上“家里红旗不倒，外边彩旗飘飘”的生活，但他又不想给自己带来太多的麻烦，于是给你制定很多的游戏规则，如不求名分、不能吃醋、不惹麻烦、不贪心、不能纠缠、不要孩子……

有一位女性便遭遇这样的男人。他是她的上司，一个成功的商人，男人很喜欢她，她被上司的魅力吸引，当年便不顾他有老婆做了他的地下情人。她不在乎男人能否给自己好处，也从来不把自己定位在被包养的位置上。她有工作能力，有智慧，有自己的房子和车子，她只希望与自己喜欢的男人在一起，希望有一天男人能和她结婚。然而男人却只想把她当成一个长期情人，不给她名分，怀孕了就让她打掉，两人交往还得偷偷摸摸进行。

五年过去了，她发现自己在一天天老去，大好的青春都献给了这个男人，失去了太多的时间和恋爱的机会，但自己最后得到了什么呢？他的钱吗？没有。他的感情吗？有，但这份所谓的感情如今让她很疲惫，她不想再按照男人的游戏规则玩下去了，他开始逼男人离婚，如果不行，就彻底分手。

女人何苦为难女人？错不在女人，而是男人太不负责任。所以，那些有家室的男人要离他远一些，少上他们的当。若你不幸，已经深陷其中，更不要一味顺从男人的游戏规则，你一定要为自己负责，不做无谓的付出。

在职场中，女人还会遇到各种潜规则。男人利用自己手中的权力和资源，或诱惑或胁迫女性，以满足自己的欲望。面对潜规则，有些女人采取主动的态度，把它当成一种交易。有些则是迫于无奈忍受男人的骚扰。还有一些女人利用女性优势与男人玩暧昧，从而获得工作便利，但这却容易给男人以可乘之机。

女人必须清楚，潜规则是男人的游戏，是对女性的极大不尊重，必须远离它、拒绝它。首先必须坚定自己的底线，不要和老板有任何过于亲密的动作和言语。其次，表明自己不是一个随便的人，让老板学会尊重你。再次，不要给老板任何可乘的机会，若是老板有非分的要求，要严厉大胆拒绝。最后，遭遇老板的潜规则，不要总忍气吞声，你的软弱只会让老板得寸进尺。

在性爱方面，规则也被男人主导着。长期以来女性总是被动接受来自男友和老公的性爱，过多地去满足、应付男人的需求，她们把做爱看成例行公事，从而忽视了自己的需求。有的女人结婚一辈子，却不知道何为高潮。

据调查，约三分之一的女性很少有性高潮，20% 只在自慰时才能获得。有个女士对医生说："我到现在从未体验过女人该有的高潮。我从来没有阴道的膨胀紧缩，也从未有过朋友们所说的腾云驾雾，欲仙欲死的体验。"一些女性为了不让男人失望，还会伪装高潮，国外一项涉及 1.5 万人的调查显示，有 70% 的女性承认自己曾经伪装过高潮。

性爱的方式及节奏也被男人主导着，男人用自己喜欢的方式与女人做爱，要求女人配合自己施展各种本领。有些变态的男人，为了寻求刺激，还会想出各种花招去折磨女人，逼着她们满足自己的欲望。

"性福"不是一个人的事情，也不能当成任务来应付完成，女人要多些主动，告诉男人你的需求和不满意。另外，不要一味去迎合男人做爱的方式和节奏，你也有发言权，也可以有自己喜欢的方式，你有权拒绝男人一些过分的要求，在性爱中维护自己的尊严。

## 处女是男人的价值观

刘小姐最近很烦恼，她交了一个男朋友，两人已经到了谈婚论嫁的地步。在男友的一再要求下，他们在一次约会之后发生了关系，她原以为这样可以增进彼此的关系，可没多久男友突然对她冷淡起来，结婚的事情也被搁浅了。她还发现男友在跟别的女孩约会，有种被男人欺骗的感觉，为此很伤心。

她找到男友质问他为何跟她上了床却想溜走。男人支支吾吾地告诉她，自己只想跟一个处女结婚，那夜发现她不是处女后，有些失望。听了这话，刘小姐很生气，不是处女怎么啦？我都28岁了，谁没有恋爱过，你就没跟其他女孩发生过关系？男人无言以对，灰溜溜地落网而逃，从此再没出现过。

这件事给刘女士留下了阴影，她从此有了自卑感，好久都无法从里面走出来，甚至不敢再找对象。不是处女就没人要了吗？可过去已经是事实了，无法改变，难道要求自己去修复处女膜，去迎合男人对处女的偏好？

男人都想得到女人的第一次，尤其在他选择结婚对象时会特别在意处女。男人在恋爱时费尽心思想得到女人的身体，等她想结婚时，又回过头来责怪女人不是处女。看来，男人在两性关系上既霸道又贪得无厌。

不过，从另一方面讲，男人在乎女人是否为处女，是可以理解的，这就像女人要求男人“只对自己好，不准喜欢别的女人”一样，男人在乎女人身体上的纯洁，他想独自占有女人的身体，无法忍受女人跟别的男人上过床，这是一种正常的人性。那些声称“不在乎女人过去”

的男人，面对一个非处女，内心深处多少还是会有失落感。

某些男人的处女情节，还有他“自卑、缺乏自信、没有安全感”的一面。男人怕被对比，对自己不够自信，在心理和生理上都有。若女人之前有过恋爱经历和性经历，女人拿他跟以往的男人比较，担心女人不满意或者失望，更怕女人再次爱上前任男友，这对他来说是一个很大的心理负担。这些男人只有在没有性经验的处女面前才能找到自信和安全感。当然男人从来都不愿承认这点，情感作家曾子航在他的新书中谈到“处女情结源于男人的性自卑”，惨遭一群男网友的臭骂。

女人也有处男情结的，与男人不同，她们关注的不是身体上的处男，而是感情上的处男。如果男人想在身体上独占女人，女人则希望在情感上独占男人，不让其他女人来抢，双方都有占有欲和洁癖症，这是人性的特点。

社会在不断开放进步，尽管21世纪男人依旧很介意处女，但不得不承认，如今处女没那么好找了，一个女人把她的处女之身保持到结婚，不是件容易的事情，很多女孩婚前都有过性经历。因为每个人在婚前都会经历恋爱，发生关系在所难免，结婚后，也会遇到离婚和再婚。于是，有男人就感慨地说，想找处女到火星去吧。

对女人而言，要在心里明白，处女是一种权利，不是处女也是一种权利，没有高尚纯洁与否之分。女人的身体不属于男人，只属于她自己。她有权利拥有过去，更有权利选择未来。因此，女性不应消极，坦然看待自己的过去，不要为“非处女”而自卑，也不要因此而沉沦堕落，而应该用不卑不亢的心态去面对男人。

一起看下面这个故事。

刚恋爱的时候，男朋友张斌对菲菲可是无可挑剔的，他勤快、有责任感、幽默大方，还特别专心，自从两人交往后，他就很少跟其他女生来往。菲菲觉得自己找到了真爱，并有了要嫁给她的想法。她之前有过几次不成功的恋爱，第一段感情发生在校园里，因为毕业要各奔东西便分手了。第二段恋情发生在这座城市里，那是一个家境不错的男孩，他们十分相爱，但门不当户不对，遭到男友父母的反对，最后男友出国，从此杳无音讯。

菲菲曾一度对爱情失去信心，直到遇到张斌。然而，张斌的热情并没有持续太久，便让她看清了这个男人的面目。在她生日那天，两人喝了很多的酒，张斌借着这个蓄谋已久的机会，与菲菲发生了关系，期间还信誓旦旦地说会跟她结婚，会爱她一辈子。事后，张斌坐在床头沉默不语，菲菲想他一定是知道自己不是处女后很失望。

张斌一夜未眠，他虽然知道菲菲有过恋爱，也曾对菲菲说不会介意她的过去，但当未见那片红时，内心又特别的失落和不平衡，脑海中总会浮现出菲菲与前男友做爱时的场景，他们似乎还对着他笑……他想如果菲菲之前没有性经历，那将是多么的完美，他会好好用一生去爱她。可惜，可惜，还是可惜。然而，失望归失望，张斌还是决定跟菲菲交往下去，这么漂亮又聪明的女孩他岂能放弃？不过，他始终觉得菲菲是有错的，她亏欠了自己，他想在其他方面得到补偿。

那之后，张斌明显有了一些变化，脾气大了起来，很情绪化，对菲菲的态度也忽冷忽热的，有时还会莫名其妙地发火。而且，他有点霸道起来，他不许菲菲与其他男性来往，然而他自己却与别的女人走得很近。在性方面，他总是想要了就要，还想着方法折磨她，不那么在乎顾及菲菲的感受。

菲菲理解张斌的情绪，她有些愧疚，平时能忍则忍，能让则让。她知道男人早晚都会变成这个样子，恋爱时对你再好的男人，婚后都会原形毕露，各种缺点都会暴露出来。那时家里也催着她快点找个男人结婚，她希望两人能够结婚后好好过日子。

然而，菲菲越是忍让，张斌越是得寸进尺，菲菲在他面前受尽了委屈，张斌有时还故意嘲笑和挖苦她的过去。她不想再忍受下去了，她不是处女是真的，但她不想这样去面对一个男人，她需要尊重，需要关爱，需要公平的对待。她决定挺起身板来做女人，“处女是一种权利，不是处女也是一种权利，她有权利拥有过去！”

经过一番思考，菲菲果断与张斌提出了分手。她决定寻找一个真正能接纳自己的男人，坦诚自己的过去，用不卑不亢的态度去面对未来的恋人。当她这样做时，她的自信让她焕发出光彩，最终赢得一个男人的青睐和尊重，两人顺利结婚了。

当一些事情无法改变时，不如放下心里的包袱，坦然面对过去、面对男人，去做一个真实的自己。一些女孩因为自己不是处女，就感觉在男人面前抬不起头，用卑微的态度面对男人，这是没有必要的。你尊重自己时，男人才能尊重你，你应该用更多的精力来展现自己其他优秀的特质。

选择什么样的男人结婚很重要，男人心中没有不在乎处女的，但一个理性的男人懂得包容和接受现实，女人应该选择这类男人。如果他很在乎，揪着这个问题不放，变得像上述故事中的张斌一样，觉得你是错的，你亏欠了他，那么对于这样的爱情不要也罢。嫁给他你会有吃不尽的苦，被他看不起，而且这类男人为了获得心理补偿，最容易出轨。

另外，现在科技发达了，很多东西都可以进行修复，包括处女膜，于是就有女性说，如果男人在乎这个，我干脆修复处女膜不就得了，反正他也辨别不出来。但其实男人没那么好骗，一旦被他揭穿，就是信任危机，会给以后的婚姻生活埋下隐患。与其像一个演员一样装处女，不如向男人坦诚你的过去。而且，装处女是对自己的不尊重，那是你向男性价值观的妥协。

## 凭什么女人出轨才是可耻的

在 2011 年热播的新版《水浒传》中（本文只针对新版水浒剧情），若蓟州押狱杨雄的老婆潘巧云还算得上淫妇的话——有个爱他的好男人不珍惜，偏偏与一个花和尚媾和，死有余辜，那么，潘金莲、阎婆惜的淫妇称号，则多少能让人有一些同情。她们不过是男人价值观和封建伦理的牺牲品罢了。

有人说，潘金莲同武大郎确实太不般配了，她活在极度压抑、痛苦和不满之中，内心渴望自由，由于受西门庆引诱，潘金莲才出轨并毒害了丈夫。还有人同情她追求人性自由、反抗旧伦理的勇气，认为她是在与封建伦理抗争。

潘金莲当初不是真心嫁给武大郎的，据记载她曾是一个大户人家的使女，因长得颇有几分姿色，被好色男主人纠缠不止，潘金莲忍无可忍，去告诉主人老婆，意思是不肯依从。可见，她原本是个好女孩，若真是一个淫妇，恐怕早就与主人勾搭上了。从此，那个大户主人记恨于心，想办法去折磨她，他不要武大郎一文钱，将潘金莲送给了武大郎做老婆。

她怎么会喜欢这样一个又矮又丑的男人（据说连性能力也没有）？她内心肯定抗拒过，她不想嫁给武大郎的，这对她太不公平，太残酷了。她那么年轻，那么漂亮，理应能找一个不错的老公（她真正想嫁的是武松式的男人），可她没有拒绝的权利。嫁鸡随鸡，嫁狗随狗，她注定一辈子都要做武大郎的老婆，不能离婚，不能改嫁。

作为一个正常的女人，她过得太委屈太压抑了，她渴望自由，渴望爱情，她的出轨不是本性使然，而是环境造成的。如果婚姻是自由的，可以去离婚，她也不至于背着男人去偷情，也不敢用残忍的手段毒害丈夫。其实，真正杀死武大郎的，如其说是淫妇潘金莲，不如说是吃人的封建伦理制度。

毒杀丈夫是罪不可赦的，但让潘金莲背上千古第一淫妇的称号，似乎有些过了。作者和大众太关注她的不贞，却忽视了她命运的不幸。其实，在《水浒》中，作者本人对女性带有很多的偏见，有丑化女性之嫌。曾有人这样评论说：

作者在书中有意无意流露出来的蔑视妇女的封建意识，在很大程度上削弱了该书的思想价值。观照书中仅有的几位女性人物，不是淫妇、长舌婆，就是男性化了的女性，基本上都是脸谱化、类型化了的人物，没有自己独特鲜明的作为一个正常女人的个性，充分可见作者的封建意识之深。

再说阎婆惜，在新版《水浒传》中（与原著有些出入），她的出轨宋江要负很大的责任。她本想与自己崇拜的人在一起，可成了宋江的女人后，却天天过着独守空房的生活，听不到男人的声音，闻不到男人的气息。这对女人来说是非常残酷的。

阎婆惜也是一个正常的女人，她需要男人关怀，需要性生活，需要交流。很多时候，女人出轨是男人一手造成的，比如当今某些男人对老婆没了兴趣，但不想离婚（怕家产被分割），也不许她有绯闻（怕给自己戴绿帽子），女人在空房里寂寞难熬，男人自己却在外边花天酒地，一次次地伤害女人。

连阎婆惜的扮演者熊乃瑾都说："阎婆惜青春年少，还不到 20 岁，从心底里她是崇拜和爱慕宋江的。但宋江太关注兄弟之间的情谊，冷落了娇妻。恰逢一个花言巧语的年轻俊男闯入阎婆惜的生活，她就迷失了自己。"

在古代，男人可以有三妻四妾，可以逛窑子、勾搭女人，社会对他们的出轨给予的指责和惩罚相当轻，出轨付出的成本太低。如今，某些男人甚至还把玩过女人的数量当成炫耀的资本。

然而，男人却要求女人忠于自己，必须守贞，遵守妇道，不能出轨，不能与其他男人走得太近。如果女人违背了，轻则被男人休掉，或者被众人嘲笑唾骂，背上一个淫妇的帽子永远不得翻身；重则遭受种种惩罚，比如游街示众，还有"骑木马"等酷刑，不仅在精神上残害女性，更在身体上折磨女性。

在当今社会，虽然女性地位提高了，法律规定一夫一妻制，女人与男人享有相同的权利，但封建伦理的毒瘤依旧存在，女人仍被束缚在男人的价值观里，一旦出轨就会承受太多言论和道德的指责。

出轨固然是不对的，但男人不要过多去指责女人，也应该认识到自己的责任和过失。同时，社会应该给予女性足够的尊重和理解，不要动不动就站在道德的高度，对女人横加指责。而且，现在媒体发达了，博客、微博也使公民舆论登上舞台，很多事情会被无限放大，特别是在男女这些事情上，舆论有时能“杀人”的。

2011年夏，有台湾狗仔拍到高凌风的妻子金友庄与药商代表张志坚在车上疑似亲吻，让小小的家庭内部事件，迅速变成了轰动性的公共事件。媒体争相报道，网友也跟着大肆“人肉”，批评她红杏出墙，给老公戴了绿帽子。

舆论和大众的指责给了她巨大的压力，她离家出走，家人数日不知其下落，有人爆料说她有了自杀的倾向。这时，高凌风满含泪水请求媒体放过她，不要把她往死里逼，说否则你们就等着收尸吧！幸好，高凌风还算个聪明人，他像当年的谢霆锋一样表现出了男人的大度，没有火上浇油，否则真的会把妻子逼向死路。

最后，我们作为局外人，不应过多介入到他人的家务事中，少说闲话，少人肉搜索和传播别人的隐私，他们有自己处理事情的方法。而对于女性而言，任何出轨都是对信任的亵渎，对婚姻的背叛。如果你真的对男人不满，有怨言，太寂寞和孤独时，不如去告诉男人，交流沟通，但不应用出轨的方式与男人赌气。如果你已经不喜欢这个男人了，或者对婚姻没了信心，就果断一些离开他吧。

## 女人可以改变男人的价值观

韩寒在《独唱团》中曾说道：

在那个年代，如果能写点小诗，弹点小吉他，摘些小花，女生们都被迷倒了。你看看现在，女生们再也不中意这些人了，她们中意的是……我说，那你们还写点小诗，弹点小吉他，摘些小花么？他说，……（恐怕会被美女扔鸡蛋吧，她们开始喜欢宝马和洋房）。所以说，这个世界就是这样子的，男性改变世界，女性改变男性的世界观……

韩寒可能是在调侃女人的现实，不过却指出了当今社会男女地位在悄然转变，男人可以改造世界，但是女人却可以改变男人，改变他的世界观。女人不再围着男人团团转，整天看男人的脸色过日子了，相反一些男人却开始围着女人团团转，为了得到心爱的女人，不得不向女人妥协，愿意为女人改变自己。

这些年来，男人开始为房子奋斗，他们放弃理想，放弃休假，放弃娱乐，只为了多赚些钱买套房子把女人娶进门。有的男人还愿意转变大男子心态，做个妻管严，像《婚姻保卫战》里的许小宁一样，任劳任怨，哪怕做个“家庭煮夫”都愿意。

是男人真的很想要房子吗？也许未必，大城市动辄百万的房子，如果收入不高，有几个男人舍得买、愿意去买？他们忍气吞声做自己不喜欢的事情，甘愿沦为“房奴”，都是为了得到心爱的女人，是女人改变了男人的世界观，改变了他们的目标、事业和思想，让他们妥协了。都说女人现实，其实男人更现实，不这样做，没有女人愿意跟他们过呀。

再说男人真的想放弃架子，甘愿在女人面前任劳任怨吗？可能许小宁那样的男人愿意，但多数男人是被现实逼的。如今女人也强大了，在未来会有更多的优质女性走入社会，她们学历高，能力强，男人不服不行，逼着男人转变自己的态度。

还有一个问题更现实，据调查全国男女比例失调，男人的数量远远多于女性，“90后”和“00后”男女比例更为明显。再加上女人都想嫁条件好的男人，还有一批热衷单身的黄金剩女，可以预见，在未来将有大批男人找不到对象，他们只能做光棍。

全国第五次人口普查资料显示，目前全国男女出生性别比为116.9：100。全国有5个省的出生人口性别比甚至高达130：100以上。海南省出生婴儿男女性别比为135.64：100，居全国最高水平。据推算，按照如今的婴幼儿性别比例，到2020年，中国处于婚龄的男性人数将比女性多出3000万到4000万，那时平均5个男性中将有一个找不到配偶。

看到这个数据是不是很吓人？女性将变成抢手货是不争的现实，她们不愁找不到好男人，社会地位也会越来越高，甚至能威胁到男人在家中的主导权。男人面对有限的女性资源，竞争压力很大，为获得结婚的机会，他们要么让自己变得很优秀，有实力、有相貌、有身高，要么放下姿态对女人更好一些。女人有资本要求男人改变自己的坏脾气、坏习惯，甚至过去的一些错误价值观念——女人要多做家务，要多照顾孩子，必须是处女，等等。

讲这么多，不是要把大男子主义颠覆成大女子主义，只是想说在两性关系中，男人的权威和地位不是绝对的，男人的价值观也是可以改变的。女人，不必什么都顺从男人，要去争取自己的权利，敢于表达自己的想法和抗议，或者让男人认同并接受你的价值观。

事实上，每个人都有自己的一套价值观，夫妻也一样，在婚姻家庭中两个人对事物、事情的看法、态度不同，做事情、处理问题的方法也可能不同，彼此都有自己坚持的一套理论，谁也说不过谁，谁也不服谁，常常为此争论不休。

比如一方可能喜欢安静的生活，而另一方则喜欢呼朋引伴的热闹生活。有的人喜欢有条有理的生活，花钱很有计划，消费很理性，每分钱都要花在刀刃上，而另一方则是“月光族”，有多少花多少，没有一点理财的概念。

矛盾产生时总要有妥协的一方，过去女人过于顺从男人的规则和价值观，在两性关系中处于弱势地位。现在女人的实力在增强，而且还是男人不易得到的“稀有资源”，你的原则男人不能不尊重，男人的价值观你也可以去改变。

男人不是一块硬骨头，只要你的态度是真诚的，理由是充分的，做法是正确的，便可以通过沟通、说服、引导等方式去改变男人的价值观。这是用理性的方式去解决男女在价值观上的冲突。当然，女人也要通情达理，明明是自己错了，就别死扛着不认错，男人在理的地方，也要学会认同。

恋爱的时候，王小娟和孙建华相处得挺好的，没发现什么问题。因为恋爱时，双方展示的是自己最好的一面，很难看到一个真实的对方，他的性格、世界观和做事习惯，另一方看得不够全面，而且恋爱过程中彼此会很谦让，愿意适应和顺从对方。

结婚后就不一样了，王小娟发现他们在很多方面格格不入，在生活习惯、人生态度和做事方法上各有一套自己坚持的价值观，平常很难说到一块去，当意见不合时便会争吵，更多的时候是冷战。

那时王小娟只是一个职员，每月拿着一两千元的薪水，而老公在与几个朋友合伙做生意，几年下来赚了不少钱。每次吵架，王小娟都吵不过他，一是她"见少识窄"，老公根本不把她的话放在心上，总认为自己才是对的；二是老公太强势，有钱就是老大，每当她和老公辩论时，她说话的底气都不足，明明是老公的错，老公却不想改正。她对抗老公的方法就是冷战，或者生气回娘家，但这并没能解决他们之间的矛盾。

几年后，老公在生意上很不顺利，王小娟却在事业上有了不错的发展。不过，老公对王小娟的态度没有改善，反而因为事业的不顺变得易怒、敏感。这时王小娟没有像其他女人一样，在自己强大后就趾高气扬去数落老公。相反，她的态度比之前更温和了，发生争执时，她尽量避其锋芒，不与老公对着干。她总是耐心鼓励老公不要泄气，要坚持下去，并帮他分析失败的原因，并提出自己的建议。

面对如此大度和明事理的老婆，老公也不好意思再发脾气了，他开始倾听老婆的建议，并发现老婆在有些地方其实蛮有道理的，并意识到自己过去的霸道和固执。另一方面，他不得不面对现实，老婆不是当年的老婆了，不能再小瞧她了。现实逼着他要学会向老婆妥协，逼着他必须尊重老婆的价值观。

就这样，王小娟通过沟通、说服、引导等方式把自己的价值观渗透给老公，影响着他，改变着他。后来，老公做很多事情都会咨询她，有的干脆听老婆的。有一次老公要做一个大项目，他准备按照自己过去的经验去做，但王小娟觉得那样的做法有些过时，还有风险，她提出自己的建议，并分析了这样做的好处，老公认为很有道理就采纳了。

当然，如果老公的做法很正确，她也会放弃自己的想法，支持老公。有一次，两人因为孩子的教育问题发生争执。王小娟很看重儿子的成绩，平日看得很紧，除了老师布置的作业，自己也会给他很多题目做，到了星期天，逼着儿子参加各种补习班。老公则反对这样做，他想给儿子一定玩的时间，不能光拿分数高低判断孩子的好坏，他倾向于培养他一定的兴趣爱好，然后加以人格教育和素质教育。这次，王小娟向老公妥协了，自从发生药家鑫案后，她开始反思自己的教育方法。

所以说，女人是可以改变男人的，但必须建立在一定的基础之上。要像王小娟一样，首先去提升自己的实力。但有了实力男人也未必听你的，你要想办法渗透你的价值观，慢慢地影响他，改变他，直到他认同你。

# 第四章

# 活出自己的个性来才能幸福

有个寓言说，一个国王被世界上最难的问题难倒了，就是女人最想要得到的是什么。国王答不上来，群臣也答不上来。一个巫婆却说出了正确答案：女人最想要的是由她自己决定自己的生活方式。问题这么简单，是男人们很笨吗？其实不是，是因为男人从来不把它当成问题，他们习惯了让女人按照自己要求的模式去生活，忽视了女人的想法和感受。

女人应该有自己的生活方式，有自己的想法，有自己的爱好。还要敢于坚持自己，不随波逐流，不攀比，并且在恋爱中向男人慢慢展示真实的自己。只有跟一个尊重自己、欣赏自己，又真正了解自己的男人生活在一起才能幸福。

**微语录：**

海梦冰蓝：对女人而言，除了好的生活条件，她最想得到的是由自己决定的生活方式。//@陈一寒：有时候，男人永远搞不懂女人想要什么。

@再说小Z：女人想要的，是能由自己决定并主宰她自己的生活。男人对女人一定要有包容心，让女人决定她的生活方式。

夏雨飞：每一个女人都是不一样的，活出真实的自己才是最美丽的。//@海梦冰蓝：走自己的路，让别人说去吧。

@training小屋：买了双红色的靴子，尽管周围的人难以接受，但那是我的个性，女人要有自己的主见，不要随波逐流，不趋于大势，女人还要活出自我，展示个性！

## 【你可以决定自己的生活方式】

在网上流传着这样一段故事：

国王到野外去打猎，途中看见一只兔子在不远处跑，他便骑马奋力追去，却不幸跌入了山谷中。他疼得要命，喊了很久都没人回应，正在他绝望之时来了一个神兽。国王喜出望外，就请求仙人救他一命，承诺事后一定会重谢他。

神兽说可以帮他，而且自己什么东西都不要，只需国王回答他一个全世界最难的问题即可，回答对了就救他。国王笑了笑，这太容易了，没什么问题能难倒我的。你尽管问吧，我一定给你一个完美的答案。

神兽便问国王，女人究竟真正想要什么？

国王抓耳挠腮想了半天，都没给神兽一个满意的答案。神兽有些失望，正准备离开，国王马上拉住他说，要不我先把自己的灵魂抵押给你，让我回去再认真想想，一周后给你一个满意的回答。

神兽想了想说，那我就相信你一次，不过如果一周之后你没有找到答案，你的灵魂就别想要回去了，你会死得很惨。

国王在神兽的帮助下回到了宫中，他召集大臣询问如何回答这个问题，大臣们都回答不上来，又问嫔妃们，她们也没有说出好答案。时间一天天过去了，离期限越来越近，国王一筹莫展，为这个问题伤透了脑筋。

这时，国王的一个马夫说，城南有一位巫婆神通广大，她或许能解答陛下的问题。国王大喜，便马上差人把这个巫婆请到了宫中。巫婆到来后，国王好礼相待，然后就把那个问题告诉了巫婆，请她解答。

巫婆听后笑了笑说，这个问题很简单，陛下可以赎回你的灵魂，不过你得答应我一个条件，我才能告诉你答案。

国王说，你尽管提，我什么条件都可以答应你。

巫婆看了眼刚才接她的那位英俊的护卫，对国王说，我希望陛下让你这位侍卫长在事成后娶我为妻。

国王没征得侍卫长的同意，便立刻答应了这门婚事。

巫婆这才说出了答案：女人真正要的，是能由自己决定自己的生活方式。

这个答案出乎所有人的预料，国王感叹，原来女人想要的不是金银珠宝，不是男人的宠爱，却是能由她自己决定的生活方式。国王把这个答案告诉了神兽，神兽很满意地点了点头，称赞国王是全世界最聪明的男人，很高兴地把国王的灵魂还给了他。

不过，国王必须兑现他的承诺——让最帅的侍卫长娶那位奇丑无比的巫婆，侍卫长很不愿意，但他不能违抗国王的命令。他很不情愿地娶了这个巫婆，在婚礼上，巫婆对这位侍卫长说："因为你信守承诺，我决定往后每一天中有十二小时变成超级温柔美女陪伴你，但是你可以决定我固定在白天变美女，还是晚上变美女，而且选完就不能改变心意。"

能在十二小时里变成美女，这让侍卫长很高兴，可同时也意味着另外十二小时她又变成了很丑的巫婆。如果白天她变成美女，自己就可以在外边炫耀，这是很有面子的事情，可晚上又成了最丑的女人，一整夜要跟她睡在一起，简直是度日如年呀。如果她白天是巫婆，晚上是美女，他就可以与美女同床共枕，享受一夜的逍遥，但白天他必须忍受别人的嘲笑，这是很没面子的事情呀。

侍卫长很难做出选择，最后他对巫婆说："这是个很难选择的问题，你干脆自己决定何时要扮演你喜欢的角色就可以了，我不干涉你的生活方式。"

巫婆听后满意地笑了，她对侍卫长说："由于你的理性和包容，我决定一天二十四小时都变成美女来陪伴你，你是否愿意？""愿意，愿意。"侍卫长赶忙回答巫婆，并对自己感叹道：没想到幸福竟然如此意外地降临在自己身上！

如此简单的问题，竟然难倒了这么多的笨男人，连国王都猜不到，原来女人最想要的不过是能由自己决定的生活方式，好笑又发人深思。故事最后还告诉人们，如果男人能大度宽容一些，少干涉女人，给她们一定的自由去决定自己的生活方式，男人就会得到幸福的回报。

男人们猜不出答案，不是因为他们真的很笨，而是他们从来不把它当成一个问题来看待，忽视了女人对自由生活的向往。长期以来，男人习惯了主导女人的生活方式，女人该怎么生活，都是男人给设定好的，女人的生活方式总会受到男人很多的限制。

男人们经常在外边花天酒地、呼朋引伴，尽情享受着自己喜欢的生活方式，而女人大部分的精力则被束缚在家庭上，她们逆来顺受，默默活在男人安排的生活方式里。白天上班，晚上还有忙不完的事情，生活枯燥乏味，闲下来时都不知道自己该干些什么，只有靠看电视消磨时光。等自己快成黄脸婆了，想按照自己喜欢的方式生活时，却发现人生的大好时光已经远去了。

化妆品公司玫琳凯一直宣传："在这个世界上有三种女人。一种是'傻女人'，没有思想，对生活没有任何要求。她们一生中没有过上过一天幸福的生活，舍不得吃，舍不得穿，甚至不知道女人天生就应该是穿着晚礼服成为舞台中央最闪亮耀眼的那一个。还有一种是'苦女人'，她们对自己的生命有要求，却找不到适合自己的平台去充分展示自己的美，她们更多的是失意。最后一种是'聪明女人'，她们懂得过自己想要的生活，在玫琳凯的舞台上演绎有爱、有美丽、有生活的美丽多面体。"

把玫琳凯对"聪明女人"的定义，用在这里便是：女人要大胆地追求自己喜欢的生活方式，在人生舞台上展现自己的美丽，享受快乐和激情。而男人呢，不要过多干涉女人，给她一定的空间，让她决定自己想要的生活，选择什么样的兴趣爱好，拥有什么样的朋友圈子，哪怕洁癖和自恋都是一种权利。

当然，自由永远是相对的，也是有边界和限度的。女人可以有自己的习惯、爱好朋友圈子，但也不能只顾自己快乐而忽视男人的感受，也不要忘记自己身上的责任和义务，要爱自己，爱男人，更爱和睦的家。

这里介绍几种女人可以拥有的生活方式。

1. 你有权决定自己有什么样的朋友圈子。

前面曾讲，全职太太要有自己的圈子，为的是让生活不那么寂寞。女人还应该有一群志趣相投的死党，就像男人的狐朋狗友一样，你们有着相同的爱好、习惯、性格或者人生追求。你们能够在一起玩，一起讨论男人，一起做你们都喜欢的事情。可能男人不太喜欢你这些朋友，但他干涉不了，你有权决定自己与什么样的人交往，你的圈子你做主。

2. 你可以拥有自己的兴趣爱好。

每一个人都应该有自己的兴趣爱好，如唱歌、跳舞、打球、爬山等。女人也一样，不要总把自己束缚在工作和家务上面，否则这辈子就活得太单调乏味了。而且，每一个人的爱好又是不同的，男人喜欢阅读，可能你喜欢唱歌。彼此都要互相尊重，不勉强别人跟着你学，也别干涉别人做自己喜欢的事情。

3. 你可以决定自己的生活习惯。

任何人都有自己的生活习惯和规律，哪怕是生活在一个屋檐下的夫妻。有的人喜欢晚上写作，有的人喜欢早起早睡；有的人爱玩网络游戏，有的人则爱到公园里溜达；有的人习惯吃辣，有的人喜欢吃淡，还有的美女爱吃臭豆腐，等等。以往，女人总是要适应男人的生活习惯，比如做饭按照男人的口味，作息按照他的规律等。学会适应对方是应该的，但女人也有权利按照自己的习惯来生活，不能全部由男人主导。

4. 你可以安排自己的业余生活。

除了工作和家庭事务，我们有大量的业余时间可以去支配。业余生活可以缓解工作和生活带来的压力，让生活变得丰富多彩、有滋有味。如何去安排自己的业余生活是女人的权利。比如你喜欢到游乐场玩耍，到 KTV 唱歌发泄激情，到音乐厅、电影院、博物馆欣赏艺术盛宴，你还可以去独自旅行等。

5. 你可以有属于自己的私密空间。

每个人总有些秘密是不想让别人知道的，总有些时候想一个人独处，总有一些事情想自己去做。在婚姻中，女人也应该有一个属于自己的私密空间，在那里有你珍藏的秘密，有你放下伪装的真实，还有你一个人独处的寂静。在你拥有私密空间时，也要学会给男人一定的私密空间，他在家想一个人待着，就别打搅他，他过去的一些事情，如果不想告诉你，也别一直揪着不放。

6. 洁癖也是一种生活方式。

很多文章中总是批评洁癖的女人不好，并把她们描绘得很怪异，可是洁癖为何不能成为女人的一种生活方式呢？每一个人都有自己的生活特点，医学上的研究表明，女人比男人更重视清洁问题，这跟女性的生活习惯和生理健康有关。女人爱干净，爱漂亮，细致耐心，注重细节，洁癖象征她的纯洁美好和认真细致。而在生理上，女性的免疫力低于男性，所以最怕细菌感染身体，洁癖是一种自我保护行为。当然，洁癖要有个度，就是不把自己的洁癖强加给别人，只把它当成个人习惯，对男人多点容忍便可以。

7. 女人可以有一点点自恋。

自恋是女人的天性，这是女人爱惜自己、爱美、爱时尚的一种表现。所以，女人喜欢不停照镜子，有时为出席一个活动会换半天的衣服，男人们说她们臭美，她们却不厌其烦，乐在其中。而且，她们更乐于听到男人对自己的赞美。自恋给了普通女人以自信，帮助女人战胜内心的自卑感，并促使她们不断完善自己的形象。

## 随波逐流的美没有吸引力

一些女孩子生怕自己落伍了，拼命跟着流行走，周围流行什么她就追求什么。见校园里的女生都流行穿同一款裙子，她也跟着买一件，也不管适不适合自己，就乐滋滋地穿上炫耀一番；公司的女同事都剪了很酷的短发，她羡慕，一咬牙就剪掉了留了多年的长发；有一天，她拿出积攒两月的薪水，买了一套超贵的化妆品，因为她听说大家都在用这个。

这种随波逐流的美适合你吗？男人们会喜欢吗？可能你的体型根本不适合穿那款裙子，它没能为你的形象增彩，反而破坏了你的美。或许你只适合长发，剪了短发的你越看越像个假小子，你后悔莫及，真想找个发套遮羞。而那套化妆品买来后，你却发现它根本不适合自己的皮肤，用过之后满脸起痘痘，后悔莫及。

当满大街的女孩都穿一样的衣服，理一样的发型，戴一样的首饰，那场面是多么的雷人可笑，你会被滚滚潮流之水给淹没，没人会注意到你，没人会觉得你特别。连那些明星都恐惧这个，如果在晚会上撞衫，对她们而言是很没面子的。

再说，流行这东西来得快，去得也快，今天流行这个，明天又开始流行那个，你永远都要跟着潮流的屁股走，被潮流所累。韩寒在年少时就曾说："潮流是只能等不能追的，这和在火车站等候火车是一个道理，乖乖留在站上，总会有车来，至于刚开走的车，我们泛泛之辈是追不上的。"

但其实，"等"也不是聪明的选择。真正的聪明人在制造和引导流行（苹果公司就是例子），在创造生活方式。他们用这种办法引导广大女性去大把消费，你追求了流行，他们赚了大把的票子。

而有些女性，她们不刻意追求流行，不随波逐流，却能赢得男人的欣赏和赞美，让自己魅力四射。为何呢？因为她们向男人展示了一个独特的自己，她们的美最适合自己，最有内涵。看一看下面的故事。她原本想追求潮流去迎合男人，却发现那样会失去真实的自己，看看她是如何改变的。

在恋爱前，小美是一个有点特立独行的女孩。她不关注时尚，不关注潮流，不关注周围人在追求什么，她总是按照自己喜欢的方式穿衣打扮，并有自己对美的定义。但她并不知道，刚交的男朋友爱上的正是她这种与众不同的美。

恋爱后女孩都很在乎自己形象，小美怕男友说她老土，越来越爱跟着潮流走。一个周末她和一群同事下班后逛街，几个女孩都看上一款这个季节很流行的衣服，小美也见大街上好多人在穿。几个同事各自买了一件，还劝小美也买一件。若是在平常，小美根本不会买的，这类衣服不符合她的审美。可现在她恋爱了，有了男朋友，她想或许男人都喜欢女人这样吧。于是她就买了一件。

第二天，小美兴高采烈地穿上那件刚买的衣服去约会，本以为男朋友会赞美她一番，但男朋友打量了她半天后并没有说话，接下来几天，她又换了姐妹推荐的流行衣服去约会，男朋友还是同样的态度，没有给她什么赞美。

过了一周，姐妹们帮她分析，可能是她的发型太老土了，与那些漂亮衣服不协调，就建议她弄个新发型，说到时男友一定喜欢。她有些犹豫，那是她最喜欢的发型，不想轻易改变，但为了爱情，她还是听从了别人的建议，理了最流行的发型，足足花了她几百块。造型师做完后，她对着镜子看了看，完全是另一种模样，她简直不想看自己。

小美迫不及待地去见男朋友，问这个发型他喜欢吗。男朋友看了一眼说，倒是挺特别的。但小美从男朋友的话里，感觉到的不是赞美，而是话里有话。

“你不喜欢我这个发型吧？说实话！”小美很认真地看着男朋友。

沉默了一会儿，男朋友告诉她，自己更喜欢之前的她，那时她特立独行，有自己的特点，有自己的搭配方式，有自己的内涵、气质和品位。但现在她太在乎别人眼中的美了，失去了自己的标准。他告诉小美，属于自己的美才是真正的美，希望她还能够像以前一样，坚持特立独行的自己。

小美这才恍然大悟，原来男朋友并不喜欢她现在这样的美，她丢掉了自己最重要的东西。她听从了男友的建议，从那以后，小美又恢复到了从前的样子。她同样爱美，爱打扮，爱漂亮的衣服，但她坚持自己的想法，不再随波逐流，不再被流行绑架选择。她的坚持得到了男友的赞美，而且越来越多人觉得她的美与众不同。

几年后，小美与朋友一起创业，她们创办了一家女性形象设计工作室，她们不是把女孩打扮成最潮流的样子，而是根据女孩自身的特点和气质以及她们最喜欢的方式，帮她们设计最适合自己的形象。这种做法得到了很多女孩的认同，找她们设计形象的人络绎不绝，她不仅赚了钱，也受到别人的赞美，被誉为“美丽女王”。

所以，不要刻意去追求流行，任何美丽都要符合自身的特点，适合自己的美才有吸引力。同样一件衣服，穿在王菲身上好看，却未必适合李宇春，因为她们的身材、气质都是不同的。也不是给你件名牌你就时尚了，时尚要有内容。同时，要学会搭配，不然给你再好的衣服都没有用。

1. 根据自己的特点确定自己的美。

每一个女人都是不同的，各有自己的特点，从身材上有高、矮、胖、瘦，从性格上有活泼、婉约、内敛、好动或沉稳，再细致些，人的脸型也有很多类型。所以，女性要根据自己的特点去设计自己的形象，找出自己的特色，穿出自己的内涵。还要敢于坚持自己的想法，不盲目跟着流行走。

2. 时尚不是穿了件流行的衣服。

女孩子都爱谈时尚，其实流行未必是真正的时尚，因为当大家都趋之若鹜的时候，它就开始显得特别庸俗。流行不过是时尚的外壳，真正的时尚要融入自己的内容，才能让你焕发光彩，比如气质、品味和内涵。现在的大腕明星便是如此，如赵雅芝、刘嘉玲等，她们不会刻意用名牌包装自己，有时她们穿的是很普通的衣服，照样能衬托出她们的魅力，她们是在引导时尚潮流。

3. 衣服需要搭配，美是一项技术活。

你的衣服再漂亮、再昂贵，如果不懂得去搭配，穿在身上都会特别的难看。衣服不在多而在精，不在于有多贵，而在于你是否会搭配。有的女孩能把地摊货搭配出名牌一样的味道。所以说，美还是个技术活，你是自己的造型师，就好比买再多的化妆品，如果不会化妆又有何意义？你应该把衣服搭配出自己的风格来，让自己与众不同。

4. 不要总是去迎合男人的喜好。

前文曾提到，在古代什么是美，完全是男人制定的标准，女人必须按照男人的要求去做。如今，虽然可以做自己了，但女人又开始去主动迎合男人的口味。为了漂亮些，饿着肚子都要减肥，忍着毁容的危险都要整容，冒着严寒都要穿丝袜。为了男人的眼睛做女人，这样活着太累了，女人首先要爱自己，其次才是把美传递给男人。

## 不要因为闺蜜的话而错过好男人

有外系的男孩追求莉莉，她很喜欢该男孩，不过她之前没有恋爱的经历，自己也没啥主见，担心自己会选错男朋友。在以往遇到什么事情，她都是首先询问父母的看法，现在自己已经长大了，不想什么事情都问父母。于是，她就询问宿舍里的好姐妹，让她们给自己当参谋。

几个女生七嘴八舌的，有的说这个男生不错，可以交往，并说出了几点理由，莉莉觉得很有道理。当她下定决心和他交往时，其他女生又说该男生不适合莉莉，并指出了几点理由，莉莉觉得也蛮有道理的。还有女生则说，先别急着答应或拒绝，保持暧昧的状态，看他能坚持多久。若他不再那么热情了，就说明他只是想找个女朋友玩玩而已；若是他坚持不懈，就说明他真的是很喜欢你。

这下莉莉不知如何是好了，她本来想接受这份爱情，但被大家一参谋就六神无主了。几天来，她不敢接男生电话，不敢跟他说话，有时还故意躲着他。这一拖就是几个星期，男生以为莉莉这是拒绝他，就知趣地放弃了。莉莉觉得很可惜。

多年之后，两人有幸成为同一公司的同事。男孩笑着问莉莉，当年为何不接受他，是否一点都不喜欢他。莉莉摇摇头说不是，说自己当时还是蛮喜欢他的。男孩就问那为什么不想做他女朋友。莉莉满是遗憾地说，都怪当时没主见，被闺蜜们一说就没了主意。可惜，男孩现在已经有了女朋友，莉莉后悔已经没用了。

可能是女性天生缺乏主见，遇到什么事情总问别人该怎么办，难以自己做出选择。当还是孩子时，她们什么事情都要问问父母才敢做决定，父母的话是她们行动的指南针。长大后，她们叛逆了，开始认为父母的观念有些陈旧，抱怨他们对自己的干预和束缚太多。这时，她们再遇到什么事情更愿意询问闺蜜的意见，包括选男朋友、找工作、选老公等都会让她们帮自己拿主意或当参谋。

物以类聚，人以群分。男人们都有自己的好兄弟，喜欢在一起指点江山，女孩则会有几个要好的闺蜜，她们在一起可以聊男人，倾诉感情的烦恼和困惑，分享与男人相处的经验。婚前讨论什么样的男人适合做男朋友，婚后讨论什么样的男人才是好老公。有这样一些闺蜜是很好的，她们的建议可以给你提供选择的参考，降低选错男人的风险，预防被坏男人欺骗，同时还可以增加对男人多方面的了解，丰富应对男人的策略。

不过，若一个女人过于依赖闺蜜的建议，没有自己的主见，就会被她们的建议左右自己的选择，甚至会错过一个好男人、好老公。就像故事中的莉莉，她本来很喜欢那个男生，却因为闺蜜的话错过了一段恋情。

闺蜜们的建议未必适合你，也未必是正确的。因为对同一个男人，每个人的关注点不同，给到的评价就不同。可能有的闺蜜只关注了他的缺点，对男人的评价就比较负面。有的则只关注了他的优点，对男人的评价会很正面。她们的判断都不够全面，你应该综合两方面的建议，做出自己的判断。

闺蜜在不同情绪下对男人的评价也是不同的。比如她最近失恋了并受到了伤害，或者跟老公闹矛盾，这时她给你的建议就难免消极、悲观，她的情绪会影响到你的心情和对婚姻的满意度。如果她这些天正处于热恋之中，那她给的建议就会很积极、很乐观，让你对爱情和婚姻充满期待。陈瑾宿舍有一女孩最近失恋，心情很糟糕，整日拉着陈瑾倾诉烦恼，把现在的男人批评得一无是处。受她情绪的影响，陈瑾对恋爱产生了恐惧感，以至于她整个大学期间都没敢交男朋友。

女人还喜欢攀比和对照。若是你的闺蜜总是夸自己的男朋友如何如何好，或者告诉你好男友、好老公应该是什么样子，你就会拿自己的男人作对比，越比就会越不满意，对男友开始失望，对老公开始抱怨，从而增加彼此之间的矛盾。有一对夫妻平日里关系挺好的，但老婆最近有了几个闺蜜，没事就聚在一起聊各自的男人。老婆通过对比发现，老公在很多方面都不如别人的老公好，越比缺点越多。她回到家就抱怨别人的老公如何如何好，她老公听了很不高兴，两人经常吵架，竟闹到了要离婚的地步。

如果闺蜜们带着偏见去评价一个男人，说不定会让你错过好男人。在生活中同一个人，因为大家彼此的立场、小圈子、帮派、亲密程度、了解程度不同，对他的评价就各不相同，有人说他好，有人却说坏，这其中难免会有偏见的存在。好比有个人与你的好哥们关系不和，那你对他的印象也不会咋样。

偏见还容易传染，会潜移默化在你的意识中，阻碍你正确做判断。你会有这样的体会，有个男生班里好多人都讨厌他，你每天听到的都是他负面的评价，在潜移默化中你也开始讨厌他。但后来你得知，他并不像大家想象得那样，他很善良也很优秀。

在恋爱中何尝不是如此。闺蜜说某个男人很坏，可能只是她个人的偏见而已，她大概听信了别人的谣言，或者她与该男人有过节等。小静正准备接受一位男士的求爱，她的闺蜜就跑过来劝小静不要接受，说这个男人是个大骗子。闺蜜解释说，她认识他的一个同事，同事对他的评价很差，说他人品有问题，个人生活也不检点，与很多女人有染。

小静是有主见的女孩，她没有盲目相信闺蜜的话，自己通过多方了解才得知那是闺蜜的偏见。原来，该男士与那位同事关系不好，属于死对头那种，同事就老是在背地里说他的坏话，还四处散播关于他的谣言。小静没有听信这些，她有自己的判断，相信他是一个不错的男人。之后通过一年的交往，小静发现，自己的选择是正确的。

对此，建议广大女性要注意以下几点：

1. 闺蜜的建议可以听，但必须有自己的主见。

闺蜜的建议和提醒对自己是有益的，但该怎么选择男人、怎么处理婚恋问题，最终还是自己的事情，别人的建议可以帮助你，同时也可能误导你。应该把闺蜜的话作为选择的参考，吸纳各方的建议，分析、甄别、筛选，最后做出自己的判断。

2. 坚持原则，有自己的标准。

每个女人选择男友的标准不同，对婚姻的态度也不同，闺蜜的建议可能只代表她们的标准和态度，未必适合你。闺蜜喜欢有霸气的男人，可能你喜欢斯文的男人，闺蜜可能追求婚姻的完美，而你可能比她懂得包容。在这种情况下，必须坚持自己的原则和标准，自己认准的男人不轻易放弃。

3. 不要带着闺蜜的偏见去认识一个男人。

传言都是没有考据的东西，没人见过，没人尝试过，只是道听途说别人的观点和看法，这些传言不足以说明一个人。如果你正在接触的男人在被某些传言困扰着，不要像别人那样不假思索地认同这种传言，而应该考证这些传言的真实性。

4. 不要让闺蜜过多介入到你的婚姻生活中。

清官都难断家务事，何况你那些闺蜜？这在国际关系上就是干涉他国内政。自己的家务事要自己处理，别人的介入会使问题复杂化。生活中，有的妻子为了让局外人认同自己，支持自己，有时会让闺蜜介入自己的婚姻。这样做，一是可能让别人看你们的笑话，把家庭矛盾变成“公共事件”；二是影响夫妻间的信任，激化矛盾。有些闺蜜还喜欢搬弄是非、挑拨离间，这样的长舌妇最好离她远一些。

## 向男人慢慢展示真实的自己

女人常抱怨男人在结婚前后是两个模样，一到婚后就“原形毕露”，比如恋爱时把你当宝贝宠着，婚后就拿自己当大爷；恋爱时他哪里都是优点，婚后却发现哪里都是缺点。其实，男人们在婚后也会抱怨自己的女人，说她们恋爱时温柔可爱，婚后却蛮不讲理；恋爱时看她哪里都漂亮，婚后却越看越不满意。

张阳是一位外企高管，收入不错，去年娶了一个漂亮的老婆，但最近他很烦恼。结婚一年来，他发觉老婆晨晨完全变成了另一个人，与之前恋爱时大相径庭。婚前晨晨爱干净、爱漂亮，每次约会都会精心地打扮自己，可婚后晨晨变成了一个不修边幅的女人，有时还有些邋遢，穿着睡衣就会外出买东西。张阳出身书香门第，有着良好的生活习惯，追求精致生活，他不希望自己的老婆是这个样子。

婚前晨晨是个勤快的女孩，她爱做饭、爱整理房间。张阳记得晨晨每次来他家都会亲自下厨做几道菜，然后把房间给他整理得井井有条，他那时感觉晨晨很有女人味，他看上的就是她这点。然而婚后一年，晨晨就变得有些懒散了，她不上班，却懒得自己做饭，最爱拉着张阳下饭店。房间也懒得整理，很多东西胡乱摆放，有时还得张阳去整理。

婚前晨晨在张阳面前是个兴趣高雅的女孩，爱看书，爱艺术，爱贝多芬，还爱跟他谈论国家大事。那时张阳觉得两人很有共同语言。可婚后，张阳发现晨晨之前都是装的，她根本就不喜欢那些，她爱的是偶像剧、明星、快乐男女生、网络小说。现在他们很难说到一块去，他不喜欢晨晨每天跟自己谈论那些在他看来很幼稚很无聊的东西。

婚前晨晨是个温柔体贴、善解人意的女孩，怎么看都满意，婚后却变了另一副模样，她实际上特娇气，喜怒无常，动不动就耍小姐性子，爱哭爱闹的。而且她度量很差，见不得张阳与其他女孩来往，哪怕跟女客户吃个饭她都要吃醋。

张阳无法接受现在的晨晨，说实话他有些失望，这不是他所喜欢的女孩类型，也不是他想要的婚姻生活，若继续生活下去的话，他会苦不堪言的。假如晨晨在恋爱时就展示出真实的自己，或许他就不会选择她做老婆。

晨晨当初之所以表现得那么好，是想找一个不错的老公，于是把最好的一面展现给张阳看，有些地方是装的，比如爱看书、爱艺术都是装出来的。嫁给张阳后，再伪装下去就会很累，她想做回真实的自己，于是就变成了现在的样子。

在恋爱的时候，很多人会把自己最好的一面展示给对方，放大优点，掩饰缺点。有时为了得到对方的欢心，还会伪装自己，包装自己，像故事中的晨晨一样，明明不喜欢读书、艺术、贝多芬，却偏偏装得很喜欢的样子。男人也如此，平常特别邋遢，不务正业，恋爱时却把自己伪装成一副热爱学习、有理想、有抱负的样子。有时，恋爱中的双方会刻意隐瞒自己的情况，如收入情况、家庭背景、恋爱经历、性经历等等，或者干脆编造谎言，生怕对方知道真实情况后会拒绝自己。

但是，当你无法为对方改变自己，无法继续保持那种状态时，你真实的一面总有一天会暴露出来，谎言也会被揭穿。而且整天戴着面具去恋爱、生活，把自己包装得严严实实的，也挺累挺不自在的，对别人也是一种欺骗。

在恋爱中，我们都希望了解对方的真实情况，选择一个真正适合自己的人结婚，如此才能促进婚姻的和谐，如果过多隐瞒自己，就会给婚姻埋下隐患。比如故事中的张阳，他越来越对晨晨不满意，他喜欢的是过去的她，而不是现在的她。

也许会有女性朋友站出来说，女人在婚后恢复本来个性是她的权利，本书前面章节不也倡导女性要按照自己的方式生活，不被男人束缚，要有自己的价值观吗？是的，虽说活出真实的自己是女性的权利，但前提是你要在交往之初就让男人对你有足够的了解，知道你的背景，知道你的个性特点，知道你过去的历史。只有一个了解你的人，并愿意接受你全部的人，你们生活在一起才能和谐幸福。

张晓楠平常大大咧咧的，像个男孩子似的，不喜欢打扮自己，也不懂如何向男人撒娇。现在已经23岁了还是单身一个，恋爱史一片空白。她身边男性朋友一大堆，但都把她当哥们儿看待，想追她的没几个。其实，她一点都不难看，只是不属于身边男生喜欢的类型，他们都喜欢小鸟依人型的女孩。

张晓楠也渴望爱情，希望能找一个男朋友，剩女不是她的目标。但她的圈子太窄了，朋友们就帮她介绍，但介绍来介绍去，也没合适的，不是人家不中意她，就是她觉得对方不适合自己。

她看到相亲节目很火，便有了相亲的想法，但她不想去电视台，觉得那些人太假了，完全是一场秀，而找婚介所她又认为太俗气，她可是85后，绝对不走那么老套的路线。她的做法就是在百合网（专业的婚恋相亲网站）注册会员，她觉得这种方式挺时髦的，而且很方便，又节省选择的时间。

张晓楠把自己的资料放在网上后，果真有好多男性向她搭讪，她心里美滋滋的。其中有一位男士她感觉不错，从他的资料上看，两人有很多共同点，她有了见面的冲动。这时朋友们建议她在约会的时候，不要显得自己太男孩子性格，也要装装温柔，学学撒娇，用不同以往的形象去面对男人。

"换一种方式做自己，那还是真实的我吗？"

对于朋友们的建议，张晓楠有些犹豫，但想想自己这么多年来都没人追，一定是输在了这方面。思来想去，她最后决定改变一下。那段时间，朋友们教她如何化妆，如何让声音变细一点，如何表现自己温柔可人的一面。通过朋友们的包装，杨晓楠焕然一新，看上去蛮有淑女味道的，让男性朋友对她的变化目瞪口呆。

于是，张晓楠以新的形象与网上那人见了面，他对张晓楠的印象不错，两人互留了电话号码开始交往。虽然获得了对方的欣赏，但张晓楠却浑身不自在，每次约会她都像一个演员一样，扮演着另一个自己。而且，在她看来伪装是一种欺骗，终有一天自己要变回真身，到那时男人还会喜欢自己吗？

张晓楠装了几周的淑女后，决定恢复原形，向对方展示真实的自己。那个男士了解她的真实情况后，觉得两人不太合适，很委婉地提出了分手。张晓楠有点失落，却坦然接受了这一切，她想如果继续骗下去，只会浪费彼此的选择时间。

张晓楠并不气馁，她相信只要足够真诚，定能找到欣赏自己的男人。之后她又见了几个男人，直到陈小波出现，她的真命天子才算到来。陈小波欣赏张晓楠的坦诚，更喜欢她身上率真、活泼、大方的个性。他平常最讨厌那些特矫情、说话发嗲的女生，与张晓楠在一起他很快乐，两人在很多方面都有共同语言。

两人交往了一年后，就结婚了，据说婚后生活很幸福。

女性在恋爱过程中或在选择结婚对象时，应该像故事中的张晓楠一样，学会向男人展示真实的自己，不刻意隐瞒真实的情况，也不伪装和说谎，包括你的过去，你的家庭背景，你的工作情况等，都应该让对方有一定的了解。

如果你觉得一下子暴露自己容易失去对方，不妨先给男人留下个好印象（恋爱中，适当的伪装可以有），然后慢慢向他展示真实的自己，直到他完全了解你、接受你为止。你还应该多让男人看到你身上的闪光点，用优点去弥补自己的不足，比如张晓楠率真、活泼、大方的个性便是陈小波喜欢的地方。

同时，女性在恋爱过程中，也要了解男人的真实面目，选择真正适合自己的男人交往，别被他“美丽的外衣”给迷惑了。要知道，男人在恋爱时比女人会装多了，不仅会把自己包装得很完美，还喜欢编造一些甜言蜜语哄骗你，你得擦亮眼睛才行。

## 攀比是无底洞，幸福要有自己的标准

有心理学家说，“比较”是人的天性，人们在成长、生活、学习、交往、工作、企业经营中都存在各种各样的“比较”。

有了“比较”，才有了“美与丑”“好与坏”的区别，有了“比较”才有了竞争、追赶、嫉妒和封杀，有了“比较”才有了那些爱慕虚荣的人，同时，有了“比较”也有了“穷与富”两个社会阶层，可以说“比较”对人类有好处也有坏处，有积极作用也有消极作用。

从好的方面讲，“比较”能激发人的进步。你看到一个比你优秀的人，不服输的精神让你努力去追赶；你曾经骄傲自满，目空一切，但通过“比较”发现自己做得还不够好，“比较”促使你踏踏实实做好自己，提升自己；“比较”还能给你信心和成就感，通过“比较”，看到自己取得了不错的成绩，你的信心就会倍增。

从坏的方面讲，“比较”导致人们甘愿堕落、爱慕虚荣、攀比成风。看到别人成功了，有钱了，有成绩了，他不想努力，却“羡慕嫉妒恨”，整天抱怨个不停；有的人虽不抱怨，却选择了与人攀比，别人有的他想尽办法得到、追赶，不管有没有意义，是否能承受，他都忙得“不亦乐乎”。他们并没有在攀比中收获成功，却被虚荣所累，价值观也被扭曲了。

在攀比这方面，女人比男人更甚，男人攀比的通常是财富和地位，女人的攀比则是多方面的，从相貌到身材，从衣服到首饰，从房子到车子，从老爹到老公，无所不攀，无所不比。女人之间太爱较劲了，同学聚会，变成互相攀比的聚会，就算闺蜜们在一起也会攀比各自的老公和家庭条件。她们攀比一方面是炫耀自己的优势，满足自己那点虚荣心，另一方面就是生怕自己被落在后面，她得马上赶上别人的步伐。

适当的攀比有时能激励女人提升自己，也能督促男人成长，但过度的话就没有意义和价值了，反而会让自己身心疲惫。那些超出自己能力范围，不属于自己的东西，即使勉强得到了，也只能暂时满足一下虚荣心，没有任何意义，或许还可能成为别人的笑柄。

比如，在学生时代，有的女孩家里穷，为了风光的外表，她们天天吃咸菜，也要省下钱来买漂亮衣服。长大后，明明是个收入不足

3000 元的小白领，却偏偏跟着一群富太太比吃穿。别以为背着 LV 包就是有钱人了，有钱人穿假名牌，别人都以为那是真的，而穷人穿真名牌，别人都可能怀疑那是假的。道理很明白，你不具备让别人相信你的实力。

有的女性为了攀比则不惜一切代价，连牺牲自己的身体都在所不惜，曾有媒体报道，有个 90 女孩为了得到时尚的 iphone 手机，公然在网上拍卖初夜，当她拿着心爱的 iphone 在网上炫耀时，别人真的会羡慕她吗？可能只是对她无知的嘲笑。而有个男孩则通过卖掉一个肾换来一个时尚的 iphone 手机，他为了满足自己的虚荣竟不惜伤害自己的身体。

就算有攀比的条件，但无休无止的攀比你累不累，何时才能真正满足？要知道欲望是难以填满的，越攀比胃口就越大，今天你想要衣服，明天想要房子，后天恐怕连宇宙你都想得到。同时，攀比也是无止境的，无论你怎么攀比，总有比你强的人，追了这个还有那个，永远也不知道它的标准是什么，尽头在哪里，爬得越高，就摔得越重。你应该适当停一停脚步，静下心来感受生活的乐趣。

对此，不妨从以下几个方面调整自己的心态。

1. 别拿他人的标准来要求自己。

不同的人有不同的生活标准，对幸福的定义也不同，富人的生活标准可能是优质的生活，豪宅、豪车、名牌，什么都要求最好的。普通人的标准没那么高，可能买上一套房，找一份不错的工作，他就很幸福。也就是说，富女人有富女人的幸福标准，穷女人有穷女人的幸福标准，双方的幸福不能用同一个标准来衡量。

如果你没有富人的那个条件，就别用她们的标准来要求自己，否则你获得的不是幸福，而是痛苦不堪。有个女孩见到了久违的室友，对方嫁了个有钱的老公，生活过得很滋润，女孩去她家玩了几次，对她的生活充满了向往。从那以后，女孩就以室友的标准来要求自己。她把自己的收入都用在了穿戴上，还逼着老公换套新房子，并按照室友家的标准来装修。老公无奈，贷款买了房子。成了房奴后，他们的生活一下子紧张起来，每月都有好几千元的月供，他们不得不拼命工作、加班、熬夜。虽然女孩获得了表面上的虚荣，但却被生活的压力搞得苦不堪言，最不幸的是，一年后老公就提出了分手，说养不起她了。

2. 要有与自身条件匹配的生活圈子。

她几个要好的大学同学家境都不错，喜欢逛街，喜欢去 KTV，喜欢聚会。她觉得自己没资格享受那种生活，大概她没太多生活费，但她又怕被大家孤立，最后还是经常和大家在一起玩，也经常请客。可她不能总这样，她是拿着父母的血汗钱吃喝玩乐。她为此特别烦恼，不知是否继续跟这些同伴交往下去。

物以类聚，人以群分，每个人都有自己的生活小圈，彼此的收入水平大致差不多，身份差距也不大，所以能成为很好的死党和闺蜜。同时，随着身份、实力的变化，你的生活圈子也在不断变化，你总会选择最适合自己的生活圈子。但若硬着头皮跟差距太多的人吃喝玩乐，你总会吃不消的，那样的生活不适合你。

3. 不要总往上看，多往下看看，知足常乐。

喜欢攀比的人目光总是往上看，参照的对象都是比自己条件好的人，他们高度需要你仰视。如果你中等身材，却老爱跟大个儿比身高，肯定会觉得自己很矮；你有几百万却老爱跟千万富翁比收入，越比越觉得自己很穷；如果你有几分姿色，却老爱拿自己跟校花比较，你的信心就难以建立起来。

其实，人的幸福和痛苦都是比出来的，关键是你选择了不恰当的参照物。你应该多看看自己周围的人，或者往下看看，可能不如你的人还有很多，没你有钱，没你过得好，没你漂亮，在他们眼中，你倒成了令人羡慕的对象。这便是我们常说的“比上不足，比下有余”，选择不同的参照对象，获得的感受就截然不同。

# 第五章

# 不做小绵羊，女人该强就要强

2011年，李阳的疯狂再次火了一把，这次不是他的疯狂英语，而是那双打在女人身上的疯狂拳头！但是，他的妻子并没有像大多中国女人那样——抱着家丑不可外扬的态度选择忍受，而是大胆反抗这种暴力行为，并要求对方道歉，甚至提出离开的请求。这种勇气和态度值得女性学习，无论男人多么强悍，自己都不能做受气的小绵羊。

**微语录：**

海梦冰蓝：这次真的需要向美国女人学习了。//@陈卫平：其实，还有很多像Kim一样正在遭受家庭暴力的女人。

@含羞草的春天1314：李阳的老婆Kim在向外界爆出李阳二次施暴后决定离婚，欣赏这样的女人，敢于保护自己，同时也很独立！多少隐忍的女人成就了家暴男！！！

海梦冰蓝：女人未必要狠，但一定拒绝做个任意被男人欺负的小绵羊。

@moki莫晓妞：女人不狠，地位不稳。我要做狠女人！拒绝小绵羊！

咚咚：法律也是女人的靠山。//@小菲：该怒吼的时候，就要怒吼。

@麦麦：有些夫妻关系就是一纸之约，太脆弱了，女人要懂得如何去保护自己免受伤害，法律是我们捍卫自己权利的最好武器，要灵活运用，争取自己应有的权益。

## 不做家庭暴力的受害者

在婚姻生活中，家庭暴力对女性的伤害最大，也是破坏婚姻的一大杀手。2011年，疯狂英语创始人李阳的家庭暴力事件轰动全国，对此，央视主持人柴静在电视节目《看见》中说："这次事件让人们看到家庭暴力在中国的存在范围之广和程度之深。"确实如此，无论是平常人家，还是名流豪门，家庭暴力事件比比皆是。节目中还提到，根据全国妇联的调查，全国遭受家庭暴力的女人达到30%，而这个数据只是公开调查。我们不知道的还有很多，可能你的同事、邻居、朋友也正面临着家庭暴力的困扰。

女性总是被男性欺负，她们的弱势不仅是在经济和地位上，在身体和气场方面女性也是弱者，男人总是家庭暴力的实施者，而女人往往是受害者。因为男人的力气大，脾气大，打人的时候不懂得怜香惜玉，一个小女子怎么能敌得过他们的拳头？

男人实施家庭暴力，体现的是大男子主义的霸道，对老婆缺乏真正的爱。他们可能在外表善于伪装自己的脾气，懂得礼让和克制，但在老婆面前却一点风度都没有。一个打老婆的名人甚至还理直气壮地说："我只会把最好的一面留给外人，在老婆面前就没必要掩饰自己的情绪，想骂就骂，想打就打，这样才能体现家人的感觉。"这是什么歪门理论，一个连老婆都敢打的男人，还有什么资格在外边做好人。

而长期以来，女性受传统文化（男尊女卑）的影响，再加上男人在家庭生活中处于主导地位，在面对家庭暴力的时候，一些女性选择了忍气吞声的态度，不敢反抗，不敢保护自己的权益。究其原因，有一些女性是性格上过于懦弱，在气场上输于老公。还有一些女性本着家丑不可外扬、息事宁人的态度，默默忍受男人的欺负，另一部分则是太依赖男性了，她们恨男人，但又不想失去男人或者婚姻，所以才选择了忍耐。

比如，有一个丈夫在喝完酒后，把自己的妻子暴打了一顿，据说她经常会受到这样的"待遇"。那天她浑身是伤，畏缩在路边墙角，好心邻居发现后，准备送她到医院并报警处理，这位妻子却苦苦哀求道："千万别报警，这是我自家的事，求你了。"邻居摇摇头离开了，担心她以后还会遭遇暴力对待。

这些女性做得最多的是冷战、赌气、回娘家，或者找长辈们去告状，以为这样就会让暴力男收敛些，但效果并不怎么样。冷战和赌气的方法，不能从根本上解决问题，只会拖延问题的解决，长辈的批评能让男人老实一段时间，但本性难改的他，知道你好欺负后，以后还会动手打你。千万不要对男人存在幻想，试图通过示弱的方式让他去可怜你，那样是徒劳的，你越是妥协、忍气吞声，男人越是得寸进尺，不知悔改。

当初，董静是按照父母的意愿嫁给张宁的。她原本有一个相恋多年的男友，可家人以门不当户不对为由反对他们交往，再加上不在同一座城市，毕业三年后他们便分手了。为了她的幸福，父母就给她找他们自认为合适的对象，但介绍了几个她都不喜欢。

妈妈的同事张阿姨有一个儿子，是留学归来的高材生，长相还可以，当时在一家外企上班，而且他爸爸是一个局级干部，与董静的爸爸在同一个系统上班，级别不分上下。从各个方面说，他们都算得上门当户对。

双方家长都很希望他们在一起，两人见了几次面，印象都不错，只是张宁有时显得性格急躁，身上还有“官二代”的霸道。一次他开车带着董静玩，因车位问题差点与协警打起来，态度有点嚣张。董静把自己的忧虑告诉父母，父母说只要他结了婚对董静好就行，还说现在的男孩子都这个脾气，不必介意。

在双方父母的撮合下，董静糊里糊涂地嫁给了张宁，他们没有轰轰烈烈的爱情，只有门当户对的婚姻。然而，结婚后不久，张宁的很多毛病便暴露出来，最令董静无法忍受的是他的少爷脾气，什么事情都必须顺着他，还有暴力倾向。

一次张宁叫一群狐朋狗友来家里聚会，把屋子弄得乱七八糟的，事后张宁也懒得收拾，把烂摊子丢给了董静。她很生气，就对丈夫说以后少带这些人到家里来。醉醺醺的张宁一听这话就火了，对董静说他们可是我交往十几年的朋友，咱们结婚才几天？你以后少在我面前说我朋友的不是，小心——他把拳头在她面前晃了晃。

董静认为丈夫没把她这个老婆放在眼里，她不甘示弱就跟丈夫吵起来，到最后两人竟撕扯起来，可她怎么能抵得过男人的力气？几个回合下来便被丈夫打得浑身疼痛，胳膊上还有一个伤口。这仅仅是个开始，此后的日子里，她不断受到丈夫的暴力对待，她打不过他，只好赌气不理他，或者向双方的父母告状。老公被父母批评后，只会老实一段时间，他们还是隔三差五地吵架。她真后悔嫁给了这个男人，生活没有一点幸福可言。

在一次同学聚会上，董静和前男友再次相遇，看到他，她心里有说不出来的酸楚，如果当初结婚的对象是他该多好，前男友很宠她，懂得给她无微不至的照顾。得知董静的遭遇，前男友劝她离婚，说自己一直还爱着她。

想想家中那个暴力老公，董静有了与老公离婚、然后跟前男友复合的念头。正当她实施这个想法的时候，她爸因为经济问题被双规了，家道中落，家人一下子陷入困境中，在很多方面开始依赖公公家的帮助，而且那时她已经怀孕了，在这种情况下，离婚对她和她的家人损失很大，无奈中她放弃了离婚的念头。前男友在不久之后便跟别人结婚了。

父亲的出事，让董静选择了忍辱负重，她想离婚又不敢去离婚，想反抗又没有勇气反抗，所有的委屈、疼痛和折磨都得忍着。她开始通过示弱的方式，来换取老公的可怜和同情，期望老公能主动改变一下自己的脾气，但她越这样，老公的气焰就越嚣张。

而公公婆婆自从她老爸出事后，对她的态度也变了，总是高高在上的样子，让她觉得自己在这个家里有些卑微。有一天她被丈夫打得鼻青脸肿，愤怒的她一度想报警，但想想自己的家人和嗷嗷待哺的孩子，她还是选择了忍受。她很痛苦，不知道这样的生活何时才是一个尽头。

## 女人不做小绵羊，向家庭暴力说“不”

与上文董静有类似经历的还有疯狂英语李阳的妻子 Kim，她们都遭遇了老公的家庭暴力，身心受到了伤害，并曾一度选择忍受，但不同的是，李阳的妻子最后还是选择了对家庭暴力说“不”，她揭发丈夫的暴力行径，勇敢表达自己的愤怒，让一个“疯狂”的强势男人终于承认错误并道歉。

这次事件给了我们很多反思，让我们看到了名人的婚姻生活并不像他们标榜得那样幸福和谐，还看到了在家庭暴力中男人的霸道和非理性，以及女性在家庭暴力中受到的身心伤害。这次事件告诉广大女性，在面对家庭暴力时，必须向 Kim 学习，放弃妥协忍让，大胆说“不”，敢于把自己的遭遇说出来，并通过理性和法律的手段去维护自己的合法权利。否则，男人很难主动道歉认错的。

为何 Kim 有勇气做到这样，而中国女性做不到？台湾地区作家杨照在凤凰卫视曾表示，因为 Kim 是在美国长大的，其性格和观念与中国女性有差异。美国人的维权意识很强，在婚姻生活中也是如此。面对家庭暴力这样的事情，美国女人把报警看得很平常，而中国女人却缺乏这种性格和勇气。

浑身是伤的 Kim 没有入乡随俗像大多数中国女人那样息事宁人。她决定给公众一个绝对真实版的李阳，大胆去曝光他的暴力行为。接受柴静专访时，她还表示说：“在中国，还有很多像她一样遭受家庭暴力的女人，只有说出来才能寻求帮助，否则就只能任凭男人的欺负和折磨。”

而且，美国警察也不会把家庭暴力当成居民的私事来处理，只要警察发现并接到报警，便会介入到居民的家庭暴力中，制止并处理那些施暴的男人，甚至会进入刑事案件程序。在美国，司法对家庭暴力的处罚程度甚至比偷窃还重。比如当警察到达现场，发现女方有伤痕时，警察可能逮捕男方。被警察带走后他会被关上几天，上法庭听候法官的发落。如果中国有这样的制度，相信不少男人会老实很多。

女性光指责男人的暴力是不行的，羡慕美国的制度也解决不了自己的问题。恋爱结婚前，就要看准男人，不选那些有暴力倾向的男人做老公。如果正在遭遇这种不幸，那就要硬起来，对家庭暴力说“不”，并学会如何应对暴力男。下面介绍几点。

1. 面对家庭暴力，忍耐不是办法，要大胆说出来。

忍耐只能自己承受痛苦，让男人逍遥法外。你的老公可能不是李阳，发微博找媒体也不会有人关注，但你可以找父母，找领导，找居委会，找警察，等等。一定要说出来，这样别人才能帮助你解决问题，才能给男人以警醒和惩罚。

2. 学会有效地与男人沟通，不故意刺激男人的情绪。

很多时候，男人打女人也有双方沟通不畅的原因，不完全是男人的错。比如你总是与男人针锋相对，并故意刺激他，男人在失控时就很情绪化，无法与你沟通时，就习惯用拳头去解决问题。因此，要通过有效的沟通避免男人的暴力行为。

3. 平常做一个有气场的女人，别对男人示弱。

人都有欺软怕硬的本性，男人也如此。你越是表现自己的弱小，男人越是想欺负你，而当你的气场很强大或者很有底气时，男人才会收敛自己的行为，不敢轻易招惹你。这种气场表现在性格、原则性、面对男人的态度以及你的成就等。

4. 必要的时候，通过司法保护自己的权益，或者离婚。

跟一个暴力男人生活在一起是一种折磨，当你的权益总是受到损害时，要敢于拿起法律武器保护自己，如果不打算跟他继续过下去了，不如远离这个男人。选择离婚，找一个真正爱自己的男人过日子。

5. 你要比男人理智，避免过激的行为。

曾有媒体报道，一个长期遭受家暴的女人，在忍无可忍的情况下杀死了老公，发泄了怒气，同时也把自己送进了监狱，使得一家老小无人照料。事后她后悔莫及，责怪自己当时太冲动了。所以，面对家暴，要选择理性的方式去解决，千万不要走极端的方式。

## 有点脾气和怒气，做有气场的女人

我们常说一个明星有气场，比如冯小刚、姜文和周润发，看他们你会感到一种气势和霸气，能让周围的人黯然失色，还能给你一种敬畏感。他们的气场有一半来自他们的名气、地位和魅力，另一半则是来自他们的范儿、脾气、架子和底气。特别是姜文和冯小刚，都不是好惹的主儿，当知道了他们的脾气后，一些八卦记者、小主持人和小导演在他们面前都不敢太放肆。

一个明星如果没点脾气和原则，名气再大，少不了被记者、狗仔、电视节目刁难和戏弄，有些人会在他面前没大没小地问些无聊八卦和隐私，或者在节目中把他整得很惨，某些导演还会对他指手画脚。而面对有气场的明星，连爱“调戏”明星的小S徐熙娣都会变成淑女，在一次金马奖颁奖礼上，小S虽然“调戏”了冯小刚，让冯导评价自己和林志玲谁漂亮，但她语气却十分敬重、小心翼翼。

可以说，有气场的人通常都不是好好先生和乖乖女。我们常说人善被人欺，脾气太好的人稳不住场子，镇不住坏人，小人还会欺负你。因此做人必须有点脾气才行，更要培养自己的气场，该发怒的时候发怒，该坚持原则时不妥协，该反击的时候反击，必须让别人知道你不是好惹的。

女人也是如此，乖乖女很可爱，男人们都喜欢，但却容易被人欺负。好色的上司盯着你，霸道的同事欺负你，可恶的对手挤对你，没爱心的丈夫可能对你实施家庭暴力。为何受伤的总是你？因为你太好欺负了，没气场，没脾气。

我们都知道女人崇拜那些比自己强大的男人，而男人则对有气场的女人表示尊重，不敢去招惹她们，很注意自己的分寸。在女强人面前男人的气焰不敢嚣张。有了类似孙二娘般的老婆，老公就很受气；有野蛮女友的男人都很能忍耐，还有爱心；而“妻管严”患者都很怕自己的老婆……

即便你不是孙二娘，不是女强人，不是野蛮女友，老公也不是“妻管严”患者，只要有足够的气场，让男人知道你的脾气和原则，男人就不会太放肆。在婚姻关系中，女人要想有底气，能力是一方面，另一方面就是你的心态、性格和脾气。在心态上要充分自信，不要害怕男人，在脾气上不忍气吞声，敢于反抗。

我们看这个故事：

恋爱结婚前，王晓雅一直都是大家眼中的乖乖女，没啥脾气，也没啥架子。她在家听父母的话，在外边也老老实实的，从不跟人主动发生矛盾，所以很多人都喜欢她，男人们也觉得她可爱，追她的男人不少。

不过，脾气好了也有烦恼。在家里做错了事爸爸总是骂她，但从小到大王晓雅都没跟大人顶过嘴，在她身上没一点80后的反叛性格。在学校里，有些调皮捣蛋的坏男生最爱逗她玩，骚扰她，她拿他们没办法，每次都是性格很彪悍的女生帮她解围。平常与同学发生矛盾，受了气也不反抗，更不敢招惹别人。一些女生也欺负她，记得高中有个男生很喜欢他，而这个男生恰恰是另一方女生暗恋的对象。虽然没有出现网络上那些女生暴力事件，但该女生却总爱跟她过不去，找茬，孤立她，还造她的谣，她很生气，却敢怒不敢言。

工作之后，吃亏的时候更多。同事没同学那么友善，老板也没老师那么慈祥。刚进公司时，一群老员工爱指示她干这干那的。还有一个领导，脾气很差，王晓雅经常被他骂，之后就离开了那家公司。换了份工作后，又遇到了一个好色的老板，他看上去脾气好，对她也好，但却心怀鬼胎，跟他在一起工作很没安全感。她再次选择了辞职。

由于脾气好，连一些邻居都欺负她。在北京时，王晓雅曾在三环租了一个单间，那套房子被房东隔断若干，住了大概七八户人家，平常生活在一起很麻烦。一个卫生间，一个洗衣机，一个4平方米的小厨房，被大家争来争去的。她不敢去争，都是等着别人不用了才敢去，有时自己正用着，却被别人抢去。

而且，她还有一个可恶的女邻居，那人晚上爱唱歌，不分时候，每次她都是捂着耳朵忍着心烦睡觉。这还不算什么，还有更让她“心神不宁”的。有一天，该女带进一个男人，晚上翻云覆雨，叫声此起彼伏，隔板那么薄，她听得清清楚楚的，对方完全不顾及她的存在。她的尊严受到了极大的挑衅。她当时真想一脚把他们的门踹开，骂一骂那对狗男女，可她还是忍着，见了面一句抱怨的话都不敢说。

后来王晓雅遇到了自己的爱情，男友是同事介绍的，他很喜欢她淑女的形象，说她很可爱，没有坏脾气，很好相处。当时男朋友对她也很好，自己受欺负时男友都会挺身而出保护她，让她很有安全感。在交往了一年后王晓雅就决定嫁给他。

如今，他们已经在一起生活两年了，体贴的男友变成了有点霸道的老公，自己则从一个可爱的女朋友变成了受气的老婆和儿媳。老公婚后什么事情都要自己说了算，脾气也有点差，她没少受气，但却从没跟老公吵过。生了孩子后，婆婆也搬过来了，这个老太太同样不好伺候，自己又成了一个受气的小媳妇。

家里受气，在工作上也不顺利，此时她已经是个新上任的部门领导。她想干出一番成就，岂料下属根本不配合她的工作，她无法驾驭这些人。朋友们分析说是她的脾气太好了，没气场，这样就镇不住他们。必须提升自己的气场，并让自己有点脾气才行。还告诉她在家中也是如此，脾气不能太好了，太好了男人就欺负你。

从那以后，王晓雅决定改变自己，打造全新的自己，不能总这样被人欺负了，她还买了一些女性气场修炼的书籍学习。她首先找到自信，向别人展现干练的一面，其次锻炼自己的胆量，敢说话，敢批评，敢执行。过去她说话都是细声细语的，为了让声音有气场，有力度，她经常跑到公园里练声。她还培养了自己的脾气，开始跟人讲原则。

一次一个员工犯了错误，王晓雅批评了那人，可那人并没有把她的话放在心上，她就把此人找来狠狠批评了一次。见识到她的厉害后，那人就顺从多了。还有一次，老公没跟她商量就换了一台冰箱，她知道后就表达了抗议，说买这么贵重的东西两人必须商量，不能他一个人说了算。她不再什么都听老公的了，她有了自己的原则，有了一点脾气，要求老公尊重自己的选择和知情权。

一段时期后，同事们都说王晓雅越来越有领导气场了，下属开始服从她的管理，她的执行能力大大加强。而老公也感到老婆有气场了，自己不得不转变对老婆的态度，连婆婆也不再刁难她了，一家人的关系变得和睦起来。她对工作和生活充满了自信，并享受到了真正的幸福和满足感。

王晓雅的经历告诉我们，做女人没点脾气、气场是不行的。你应该像王晓雅一样，从一个总是受气的乖乖女，蜕变为有自信，有气场，有原则，还有点小脾气的魅力女性，让别人不敢小瞧你。结合王晓雅的经验，建议女性可以从下面几点做起。

1. 让别人看到你的自信。

一个领导驾驭不了下属，一个女人在老公面前忍气吞声，有很大一部分原因是他们对自己缺乏足够的自信心。当男人、下属看到你总是逃避、自卑、退让的时候，一方面你的威信难以建立起来，另一方面你会受欺负。所以，若让别人尊重你，必须先要强大自己的内心，向男人展示你的自信。

2. 要锻炼自己的胆量和勇气。

很多人都是欺负胆小的，害怕胆大的。你若看上去老实巴交的，不敢大声说话，不敢跟老公理论，男人就爱欺负你。一旦你胆子大了，气场强了，欺负你的人就少了。在性格上要开朗些，说话要大声点，做事要果断些，被欺负时要勇敢一些。

3. 要有自己的脾气，学会适时发怒。

每个女性都应有自己的脾气，这是一个人性格的重要组成部分，它体现了你的人生态度、价值观、对事物的判断标准、处事的标准。

而且人需要情绪的表达，该发怒的时候就表达出来，让别人看到你的不满。知道你的脾气后，男人以后就不敢总惹你了。

4. 做一个有原则性的女性。

一个讲原则的女性，就不容易妥协，她敢于坚持自己的想法，敢于据理力争，还敢于反抗。比如你告诉男人你的底线在哪里，触碰你底线的后果是什么；告诉男人你有哪些坚持，有什么样的做事标准；还要告诉男人你对他的要求有哪些，等等。

## 敢于拿起法律的武器保护自己

在中国人的观念中，婚姻问题习惯被当成私事来处理，被认为是内部矛盾，当婚姻发生矛盾时，他们往往会自我解决、请长辈干涉，或者寻找有威望的人帮自己调节。他们不愿意让婚姻问题对簿公堂，没有打官司的概念。这就导致一些女性的利益在受到侵犯时，由于缺乏法律意识，使自己的问题长期得不到有效的解决。

但在婚姻生活中，女性总会遇到一些难以解决的问题和矛盾，如离婚、同居怀孕、财产分割、家庭暴力、冷暴力、孩子抚养、男人外遇，等等。当夫妻双方解决不了，外人也调解不成时，就应该求救于法律，它是最理性也是最有效的解决方式。

法律是由国家立法机关制定的，用来约束和规范公民的各种行为，它代表国家的权威，具有强制性。哪怕对方是豪门，很强势，也得服从法律的权威。个人利益受损害时要寻求法律的帮助，遇到纠纷时需要依据法律裁决，犯罪分子需要法律的制裁。同样，婚姻也需要法律来规范和协调。无论是好意思的，不好意思的，棘手的，还是复杂的，都可以通过法律的途径解决。法律保护夫妻双方各种权利，并惩罚有违法律的行为，提供合理的解决途径。

而且政府也为此做了不少努力，媒体报道，为保障法律的贯彻实施，近年来保障妇女权益的维权工作机制得到了建立和健全。比如广东东莞市成立了广东省妇女维权与信息服务站（东莞站），女性朋友可以通过电话、上门和东莞阳光网妇女维权站网上求助、咨询，他们会为女性提供各种法律服务。

如今，女性的法律意识和观念越来越强，她们在学习和了解法律知识的同时，也开始尝试通过法律途径来解决自己遇到的问题，不再藏着掖着。在学习了法律知识后，她们更有底气面对婚姻面对男人了。

杨莹当初牺牲掉自己的事业嫁给了陈柏，做起了全职太太。陈柏父母是搞房地产的，家里很有钱。公公婆婆起初并不喜欢杨莹，说她配不上他们的儿子，但她通过各种方法最终还是赢得了他们的欢心，名正言顺地做起了全职太太。

那时老公很爱她，还给她买了车，登记在她的名下。后来，她生下了一个儿子，公公婆婆高兴坏了，为了奖励她，把自家开发的楼盘送给了她一套，也记在她的名下。她征得他们同意，就把这套房子给了弟弟结婚用。过了几年，她开始帮丈夫打理公司里的一些事情，由于是老公家的公司，她没要股份，也没有薪水。

然而，在杨莹35岁的时候，丈夫有了外遇，那个女人是美国留学归来的博士，不仅长得漂亮而且精明能干，在老公的公司里担任人事经理。他们背着杨莹偷情两年，后来干脆明目张胆地在一起，她知道后很伤心，哭过闹过，老公表面上说跟那女人断绝关系，但依旧暗地里交往。她一怒之下主动提出了离婚。

杨莹原本只是想警告一下老公，并让公公婆婆好好管管自己的儿子，但没想到他们当真了，让她寒心的是，他们一点挽留她的意思都没有，竟然同意她离婚的要求。公公婆婆觉得那个女人更配得上自己的儿子。她真的怒了，没想到他们那么无情无义，她没跟父母商量，就把结婚证换成离婚证，拿着自己的行李回了娘家。

回家后被父母骂了一顿，他们责怪杨莹太冲动，太傻。而且，即便离婚也不能这般草率，更不能净身出户呀，该属于你的东西，必须要回来。杨莹冷静下来想想，认为父母说的话很有道理，但后悔已经晚了，老公已经与那个女人登记，马上就要举行婚礼。

但对于婚姻财产分割、儿子的抚养权她必须争取，而且，杨莹曾帮老公打理公司的事务，必须给自己一定的酬劳补偿。于是，杨莹和父母就找老公家人理论，但对方的气势很强硬，说她是自愿离婚的，而且公司是他们家的，家庭财富也是他们创造的，只愿意给她一百万作为补偿。之后就拒绝再见她，连儿子都不让她探望。

接着，杨莹的车子也被老公的保镖开走了，连弟弟住的那套房子，婆婆都扬言要收回去。他们欺人太甚了！可自己无权无势，父母是普通工人，也没有能靠得上的亲戚朋友，该怎么去争取自己的权益呢？她一度绝望过，不知如何是好。

学法律的妹妹就劝姐姐通过法律途径来争取自己的权益，妹妹的话点醒了杨莹，她之前并没想过要告他们，一是不好意思打官司，长这么大，根本就没进过法庭。二是觉得打官司影响不太好，怕周围人说自己贪财，更怕给儿子留下不好的印象。三是老公家有自己的律师，在法院也有人脉，而自己对法律知识一窍不通，也不认识一个人。

但杨莹现在除了打官司已经没有出路了。为了打官司，她让妹妹给自己介绍了很多婚姻法的知识，还学习了打官司的程序。然后她就请了律师，并按照律师的要求收集了很多证据和证人。几个月后，她就把老公告上了法庭，提出分割婚姻财产、要回属于自己的车子、对儿子的抚养权等诉求。

一审下来，杨莹虽然成功要回了属于自己的车子和房子，也得到一些经济补偿，但在财产分割、儿子抚养权方面，她很不满意一审的结果。她事后分析，对方的律师太厉害了，而自己请的律师很一般，不是他们的对手，另外法院明显偏袒老公一方，据她了解，法院有老公的朋友。

杨莹不服，决定上诉。可接下来这官司该怎么打呢？她心里没谱，她很想找一个厉害的律师为自己打官司，可她谁都不认识呀。妹妹知道后，就抱着试试看的态度，在新浪网上发了一条求救微博。微博多次被网友转发，并得到一些法学教授和律师的关注。一些富有正义感的法学教授为她出谋划策，还给她介绍了几个在这方面很有经验的律师。通过他们的帮助，她顺利找到了好律师。

二审官司打得很顺利，杨莹得到了令她满意的结果，在儿子的抚养权方面，老公也作出了让步。儿子归她抚养，由老公支付抚养费。实际上，儿子很愿意跟她在一起，老公忙于事业忽视了对儿子生活的关注，如果儿子跟着老公生活，她怕对儿子的成长不利。离婚后，杨莹买了一套房子，然后又开了一家化妆品店，虽然赚的不多，但维持自己的生活不成问题，她还把儿子送进了最好的学校。

杨莹的经历告诉我们，抱怨不是办法，咆哮也不是办法，女人要学会用法律来维护自己的合法权益，把法律当成自己的武器。为此，建议广大女性：

1. 要培养自己的法律意识。

很多传统女性很少用法律解决自己遇到的问题，源于她们缺乏法律意识，不懂法律，也怕麻烦不敢打官司。要想维护自己的权益，女性必须培养自己的法律意识，知道法律是什么，它有什么重要作用，当自己遇到问题时敢于拿起法律的武器保护自己。

2. 平常注意研读婚姻法，学习法律知识。

光有法律意识是不行的，还必须具备一定的法律知识，否则遇到问题会无从下手，有些权益还会被你忽略掉。哪怕你现在很幸福，男朋友和老公很爱你，也得未雨绸缪。你要了解婚姻法都规定了什么，女性享有哪些权利，新婚姻法有何变化，以及了解一些常见的案例，别人的经历能给你很多借鉴和参考。

3. 常收看一些法律节目。

现在有很多的法制节目，如央视十二套等，法制节目类型多样，有专家访谈、法律讲座、法制电视剧等。还有一些与婚姻有关的法制故事。多看这些节目对增强法律意识，增加法律知识是有帮助的，还可以聆听一些专家的指导，比看那些注水的偶像剧、言情剧、穿越剧有意义多了。

4. 知道如何为自己打官司，注意保存证据。

学会打官司才是最关键的一步，如果有朋友有这方面的经验，可以向她询问一些细节。你也可以到律师所进行咨询，把你遇到的问题告诉他们，让他们从专业角度帮你分析。如果有胜算的把握，想法找个靠谱的律师帮自己打官司。另外，平常要注意保存证据，如男人殴打你的照片、影像、伤残鉴定、婚外恋证据等。有了证据，律师才能有理有据地帮你打赢官司。

## 结婚不是演戏，离婚也是种解脱

如今社会的离婚率很高，是历史上从未有过的，这让一些人感到不安和担忧。确实如此，在改革开放后，中国离婚率逐年上升，现在的 80 后、90 后小夫妻更是把这个数据推向了新高，结婚不到三年就离婚的比比皆是，还出现了闪婚闪离的现象。

虽然离婚会给家庭带来很多负面影响，如不利于孩子的健康成长，也使得现在年轻人对婚姻的态度不够认真。不过，离婚率高也从另一方面证明了社会在进步，女性追求幸福婚姻的意识在增强，婚姻不再是束缚女人的紧箍咒，她们有权利按照自己的意愿选择婚姻，也有权利对不满意的婚姻提出离婚请求。

近现代，离婚是少数社会名流的事情，如徐志摩、章含之等人。而在民国之前的封建社会，压根就没离婚这档子事儿，男人可以休掉不满意的妻子，但女人却必须“嫁鸡随鸡，嫁狗随狗”，一旦结婚就得跟着这个男人过一辈子，哪怕受尽冷漠和折磨。

封建时代男人都是三妻四妾的，女人却要围绕一个男人打转，哪怕男人死了都要守寡一辈子。某个好色的皇帝在后宫里会有成千的女人，她们个个都貌美如花，年纪轻轻就离开父母被选进宫里。可男人就那么一个，他无法天天跟你在一起，即便他一天跟一个女人过一夜，也有很多女人轮不到。一些妃子嫁入宫里后，可能一辈子都没见过皇帝一面，更别说能生个龙子。一天天，一年年，永远被雪藏在深宫里，不能改嫁，不能抱怨，孤独终老。

20世纪初，有个妃子却勇敢地向皇帝提出了分手，这个女人就是清朝末代皇帝溥仪的妃子——文绣。据记载她同样是个悲剧的女人，十几岁时嫁给了皇帝，可皇帝却不能给她真正的夫妻生活，文绣还被皇后婉容排挤和虐待，她内心备受煎熬，想自杀却未遂。但那时封建王朝已经灭亡，民主与自由深入人心，她看到了希望，就大胆跟溥仪提出了离婚，成为第一个也是最后一个敢跟皇帝提出离婚的妃子。

溥仪在接受访问时曾自述：

那是1931年8月下旬的一天，太监匆匆进来，面有难色地从袖筒中取出一封信，呈交于我。我打开一看，大吃一惊，良久未说话。原来，是文绣开诚布公地向我提出离婚。第二天，我从宫中出来，太监递给我一张《国强报》。打开一看，只见上面报道说："淑妃文绣不堪皇帝虐待、太监威逼，自杀未遂，设计逃出。聘请律师离婚。这是数千年来皇宫中破天荒的一次妃子革命。"

此事公开后，社会一片哗然。如今回想起来，我对文绣心中也是有亏的。她从14岁入宫以来，我未能与她过一次夫妻生活，加上婉容对她的虐待和谩骂，我又视而不见，不加制止，文绣不知哭过多少次，流过多少泪。不久，我从律师手中看到她写的又一封信，内中写道："事帝九年，未蒙一幸，孤衾独抱，悲泪暗流，备受虐待，不堪忍受。今兹要求分居。溥应于每月若干日前往一次，实行同居……否则，离婚……"她的要求条件是我无法答应的。我将此事交给一些大臣商议，都无良策。

在今天，我们会把这类遭遇称为"婚姻冷暴力"。一个女人嫁给一个男人，他不打她，也不骂她，但他虽然给她夫妻之名，却无法让她享有一个妻子应该享有的待遇，比如性权利、生育权等，或者把她冷落在家里与另外一个女人在一起。

著名歌星蔡琴就曾经历过十年的无性婚姻，不是她不想得到这些，而是这个男人没有给她这种爱。1984年，导演杨德昌力邀蔡琴主演《青梅竹马》，郎才女貌，彼此欣赏的两人开始恋爱，一年后走入婚姻的殿堂。然而，在结婚那夜，杨德昌却对她说道："我们应该保持柏拉图式的爱情，不让这份感情掺入任何杂质，不能受到任何的亵渎和束缚。因为我们的事业都有待发展，要共同把精力放到工作中去。"

如果换成别的女人，一定气个半死。但蔡琴却深深爱着那个男人，她欣然应允了这匪夷所思的"柏拉图式的交流"。她相信他们之间的爱情是伟大纯洁的，她也相信这个男人会爱自己一辈子。

在十年时间里，她有了妻子的身份，却过着没有性爱的生活。在外人看来他们很恩爱，两人合拍电视广告，为洗衣粉代言，配合默契看似幸福，然而有一天她深爱的男人却爱上了另一个女人，并且那个女人还有了他的孩子。而自己从来没有享受过那个女人得到的一切，她愤怒过，失望过，感叹命运对她是如此的不公。我们不知道她是否后悔嫁给这样一个男人，但她真的与他离婚了，从此再也不相见。

像蔡琴一样不幸的女人还有很多。她们得不到男人的爱，却要守着毫无意义的婚姻度日，那是对自己心灵的折磨啊。有时为了面子，为了男人的家族利益，还得像个演员一样，明明不幸福，却要向外人展示夫妻很恩爱的样子。我们经常看到，一些明星今天还在节目上大秀恩爱，过了没几天，他们的婚姻就被曝出有问题。

如果婚姻已经没有过下去的意义，那就不要忍受下去了，离婚也是种解脱。接着本节开头的话说，敢于离婚的女人说明她的自我意识在提高，敢于对不满意的婚姻说不，敢于"休掉"自己的男人，从而选择自己渴望的生活。刘女士便是提早醒悟的一个，她遭遇了丈夫的冷暴力，但她没有继续忍受下去，而是选择了离婚。

我们看她的故事。

刘女士从法院里走出来，外边阳光明媚，她呼吸着新鲜的空气，心情从来没有这么舒畅过，她抬头望着天空笑了笑，招手叫了出租车，以悠然的姿态离开，从反光镜里，她隐约看见老公从法院走出来，望着她离去的方向。

她的头轻轻靠着车窗，记忆在她脑海中一幕幕闪过。几年来，这份婚姻让她备受煎熬，过着有名无实的婚姻，还得像演员一样扮演幸福，并不断遭受家庭暴力。在朋友们的劝说下，她果断离婚了。

刘女士和老公是在大学里认识的，曾经有过轰轰烈烈的爱情。毕业三年后他们结婚了，然后他们一起创业，公司不断发展壮大，买了房子，买了车子，老公还把他的父母接到了城里住。可他们一直有一个遗憾，那就是没有孩子。

几年来，他们想尽了各种办法，检查、吃补品、偏方，等等，但刘女士的肚子都没啥动静。她的压力大，丈夫的压力也大。公公婆婆来自乡下，年过六旬了，很想抱孙子，天天害怕他们家的香火会断掉。

生孩子的困扰，工作的劳累，再加上经营上的分歧，两个人经常争吵。丈夫的甜言蜜语少了，连夫妻生活他都不那么积极，她一度怀疑丈夫有外遇。

突然有一天，丈夫暴跳如雷把她打了一顿，事后还骂她很贱。她被打得有些莫名其妙，就质问丈夫自己做错了什么，丈夫打开电脑让她看。

这一看吓了她一跳，原来是她的“艳照门”。在跟老公交往之前，她曾有过一个男朋友，两人同居过，发生过关系。没想到他们当初的性爱短片被传到网上，一些截图还在微博、论坛被疯狂转载，并上了一些门户网站的头条，引起了广泛的热议。而且，她的身份被人肉曝光，连他们公司的名字都贴出来了。她马上打电话质问前男友怎么回事，前男友无辜地表示不是他干的，可能是自己的电脑被黑客入侵了。她把前男友骂了一顿，让他报警，并澄清这件事情，还她一个清白。

“艳照门”出来后，虽然她自己是个受害者，但还是向老公和家人道歉。可老公根本听不进去，对她的态度更加冷漠了，后来干脆跟她分房睡。那之后，老公再也没跟她有过夫妻生活，平常也懒得搭理她。有一段时间，老公迷上了网络游戏，一回到家就躲在卧室里打游戏，把她当成一个透明人视而不见。她试图改善两人的关系，主动与老公沟通，可他却不回应。她想不明白，自己在恋爱时就告诉过他自己有恋爱和性爱的经历，为何老公还不能原谅自己呢?

但是在外人面前，在公司里，在聚会场合上，他们还要装扮成很恩爱的样子，说一些言不由衷的话。她感觉两人都可以拿个金马奖影帝影后了，每天的生活就像演戏一样。她痛苦不堪，想离婚，可老公不同意。他想得很清楚，如果离婚，公司必须分家，而且他长期以来塑造的良好形象也会受到大家的质疑。

后来老公跟她商量说，两人各过各的，但在形式上还维持夫妻的关系。刘女士同意了，可有一天有个女人怀了他的孩子，并住进了他的家里。她再也不想演下去了，她下定决心要跟老公离婚，并让法院来调节，于是才出现了开头的那一幕。离婚后，刘女士去了另一个城市，开始了自己新的生活。

所以，婚姻不是演戏，如果婚姻生活已经失去意义，离婚也是一种解脱。

# 第六章 不做躲在男人背后的小女人

有句话说，女人靠征服男人去征服世界。其实，女人完全可以用自己的实力去征服世界，如希拉里、默克尔、王菲等，而且她们在征服了世界后，还征服了男人。女人未必都像她们一样强，但不要总躲在男人背后做个小女人，不要什么事情都等着男人来帮你，不要没有男人在身边就无所适从。你要有独当一面的能力，要适应男人不在身边的日子，要有胆量主宰自己的生活。

**微语录：**

海梦冰蓝：范老师还说，自己不嫁豪门，因为她就是豪门。//@嘎嘎：普通女性征服男人征服爱情，2×女性靠征服男人去征服世界，牛×女性靠征服世界去征服男人！

@呼家楼：范冰冰老师说，先征服世界再征服男人，女人都像范老师，男人就省事了。

海梦冰蓝：养家不全是男人的事情，女人也有责任。

@Tall 妹 _CZY：或许很多女孩子觉得，女人用男人的钱是天经地义，但你们有没有想过，一个男的要养家，要养你，还要养老人孩子。谁不想自己的女朋友过得好一点，男人是有他自己的苦的。自己想要的，就要自己去赚钱买，这样才更有意义。

海梦冰蓝：是啊，此外女人也可以当领导，并且有自己的优势。

@李光斗V：中国式管理的特点是柔性管理，优先顺序是情、理、法，而不是法、理、情。从这个角度讲，女性有天然的领导力优势。

## 不靠征服男人去征服世界

我们常说一句话："男人靠征服世界来征服女人，女人靠征服男人来征服世界。"据说这是拿破仑说过的一句名言。这个不足160厘米的小个子，曾经横扫欧洲大陆，用他的才能、他的军队和他的谋略，征服了半个世界，也征服了他心爱的女人们。

男人都想征服女人，在动物世界里，雄性动物靠打败其他竞争者来获得交配机会，在人类世界，男人靠一身本领打天下、拼事业来征服他的女人。当然，还有一些男人利用自己手中的权力、财富和地位去征服老婆之外的女人，比如《蜗居》中那个爱吃嫩草的老男人宋思明。

男人想征服女人，女人也想征服男人。虞姬用温柔、舞姿征服了"力拔山兮气盖世"的西楚霸王项羽；民国第一才女林徽因用才貌、学识、气质征服了徐志摩、梁思成、金岳霖等一大群男人，让他们为自己痴狂；而王菲用歌声、巩俐用演技、杨澜用魅力同样征服了当代众多男观众的眼睛。

女人也想征服世界，但某些人选择了先征服男人再去征服世界的方式。在历史上，妲己和杨玉环通过美色征服纣王和唐玄宗，从而获得了为所欲为的资本，但最终是红颜祸水，殃国害己；武则天虽然是一代女强人，但她也是先征服了唐高宗这个男人，才有了上位的可能性。无论是武则天还是慈禧，她们成功的背后都有一个被她们搞定的皇帝。而今天有那么多的潜规则，给那些想靠男人成功的女人提供了很多机会，比如通过征服男人获得一个上升、出名的机会，或者给自己的事业提供便利。

但是，女性通过征服男人的方式去征服世界是对男性的妥协，更是对自身价值的否定，难以获得男人真正的尊重和钦佩。实际上，所有的谄媚、迎合、讨好、顺从、装可爱、装神秘、装温柔以及美人计等征服男人的方式都是对男人的一种迎合和妥协，而不是用自己真正的实力去征服男人。

在古代男权社会，女性没有社会地位，她们的能力不被世人认可，她们靠征服男人去征服世界是社会大环境造就的，没有别的选择。如果女人有能力可以打天下，妲己、杨玉环何必百般谄媚皇帝？如果社会都认同女人可以做皇帝，慈禧太后何必垂帘听政？一句话，在那个时代，天下是男人的，必须先征服了男人，才能去征服天下。

但现在不同了，女性地位提高了，法制不断健全，而且女性的能力和优势也已被社会认可。这不再是那个靠拳头的野蛮时代，男强女弱的状态正在慢慢发生变化，女性甚至有超过男性的趋势。女人完全可以靠自己的实力去工作、升职、创业，她们可以当老板、当总统，哪怕当联合国秘书长都有可能，她们完全可以用自己的方式改造世界。

于是有人说，女人先征服了世界，再去征服男人就不在话下了。这种征服不是讨得他们的欢心，而是用自己的实力去赢得男人的尊重和钦佩。比如希拉里、默尔克、王菲、杨澜等，她们的成功并不是靠征服男人的方式获得的，相反，在她们成功之后，想靠他们征服娱乐圈、政治圈的男人倒不少。

希拉里也是一个先征服了世界，又征服了男人的女强者。她在自己男人最失败、最落魄的时候，不抛弃不放弃，完全靠自己的实力一步步成为美国的国务卿（一度是女总统的热门人选）。过去世人称她是克林顿的夫人，现在人们称克林顿是希拉里的丈夫。她用自己的实力征服了世界，再征服了自己的男人，当年那个桀骜不驯的“拉链门”男主角，现在定然对自己的老婆充满了感恩和尊敬。

还有一些女人在成功之后，开始藐视男人，对身边的男人喝来唤去，对老公野蛮霸道，甚至想把所有男人都踩在脚下。有心理学家表示，女人通过践踏男人尊严的方式来寻找安全感，说明她们内心还不够自信。专家表示，用这种方式你无法从心底去征服男人，男人对你也不会有什么好的评价，还会增加彼此的对立情绪。

总而言之，这是一个女性独立的时代，靠男人去征服世界，不如靠自己去征服世界，征服了世界再去征服男人。当然，征服男人不是叫你把他们踩在脚下，而是通过自己的努力去赢得男人由衷的赞美和佩服。要做到这点，建议如下：

1. 要有独立的女性意识。

女人习惯于依赖男人，把男人看成自己的靠山，看重他们的财力、地位和能力，如此她才有安全感。不过，这样却是把自己的幸福建立在男人的成功之上，一旦失去男人或者男人变心对自己会有不利的影响。女性应该有独立的意识，提升自己的实力和财力，与男人一起去创造幸福，同时还可以追求自己的理想，做自己喜欢的事情。

2. 看得起自己，有一个强大的内心。

女人为什么总是想依靠男人？为什么一些女人有点成绩就想压制身边的男人？这缘于她们对自己的能力不够自信，内心不够强大，就算成功之后也怕身边的男人不服自己。女人必须先看得起自己，相信自己，才有勇气像男人一样改变世界。

3. 与男人竞争，不输给男人。

女人都想过一种安逸的生活：有一份安稳的工作，待遇不错，环境不错，没有压力，没有竞争，还不用加班，而且不容易失业。在这种心态下，你只能默默无闻做个小员工，当初一起进公司的同事都当经理了，你依旧是个小文员。当初你和老公收入相等，现在老公的收入已经远远地超过你了。女人一点都不比男人差，你不努力不进步，只能望男人的相背。所以，女人必须敢于跟男人竞争，敢于挑战才行。比如在家中，跟老公比谁的进步快，比谁的收入高，比谁的能力强，等等。

4. 充分发挥自己女性的优势。

在原始社会，男人会打猎，女人善于采摘果实；在古代男人会雕琢精致的家具，女人则会做漂亮的衣服；在现代社会，男人可能会开车，女人也能做个好护士。无论男女都有自己的优势和擅长的地方，男人有力气，胆大，有谋略，女人力气虽然小，但心细，有耐力，而且心灵手巧。女人应该充分发挥自己的优势，把自己的性别优势展现出来。

## 不要总等着男人来帮助你

男人对女人的热情，远远高于女人对男人的热情。在生活和工作中，男人或出于礼貌、喜欢、追求、倾慕，又或出于怜香惜玉的目的，喜欢在女人面前显示自己热心肠的一面，特别是在面对漂亮女孩的时候他的积极性就更高了。帮她们赶走坏男生，帮她们修理电脑，帮她们处理矛盾，甚至连工作都想帮她们干。

渐渐的，女人习惯了来自男人的照顾和帮助，并认为是理所当然的事情。当遇到什么难题、自己不想干的事情时，总希望周围的男人、男朋友以及老公能帮自己解围。有时还故意示弱引起男人的怜悯之心。如果男人不愿意帮忙，她可能假装生气的样子，一跺脚不理你，或者撒撒娇，说几句好听的话，于是男人就投降了。

性别优势给女性带来了很多好处，不过，不要总等着男人来帮你，自己能解决的事情最好自己解决，自己能做的事情最好自己完成。一方面，男人不是什么时候都愿意帮你，另一方面你容易变得懒惰，过于依赖别人，这对职业发展和两性相处都不利。希望下面小夏的故事能给你一点启示。

小夏是个漂亮的女孩，在家是个独生女，从小被父母当宝贝一样宠着，过着衣来伸手饭来张口的生活。时间长了，很多事情都依赖父母，她在家最常说的一句话是："爸妈，你们来看看这个怎么弄，我不会。"她到现在都不会用电磁炉做饭，东西坏了都是爸爸帮她修理，连买火车票这么简单的事情她都没有自己做过。

在学校里，小夏是公认的班花，追求她的男生排长队，身边总有一些愿意献殷勤的人。自己渴了，有人会送上买来的饮料，饿了会有人跑半里路到超市给她买零食吃。平时遇到一些麻烦，不等自己出手，自然会有人帮她解决。她就像一个高傲的公主，享受着男生们对她的关照。

参加工作后，小夏依然享受着这种待遇。公司里恐龙太多了，一个美女的出现，令单身的男士们兴奋不已，连领导看她的眼神都怪怪的。作为一个菜鸟员工，男同事都抢着做她的师傅，小小上司也经常给她传授经验，自己的工作都有人愿意帮忙做。这让一起进公司的女同事那叫羡慕嫉妒恨呀。

就这样，小夏变得越来越娇气，还觉得男人帮助女人是理所当然的事情，是男人的一种义务和责任。小事情懒得做，难以处理的事情总想着男人来帮自己。虽然颇受男人的特殊照顾，但时间长了，女同事有意见，背地里说她只是个花瓶，而且她的工作也没啥长进，还经常出差错，有次还被经理批评了一次。

可她不在乎，后来，小夏跟一个苦追自己一年的男人结婚了。追她的时候，男人对她百依百顺的，什么都依着她，什么都愿意帮着她做。婚后，老公也任劳任怨的，抢着做饭做家务，她受尽了丈夫的宠爱，觉得自己很幸福。后来，丈夫工作忙了，做家务的积极性就差了，有时回家，小夏让他做这做那的，丈夫都是勉强应付，若是太累就让小夏自己搞定。

小夏有些不高兴，觉得老公变了，但另一方面也理解老公，男人总得忙事业。她开始尝试着自己搞定家里的事情，可她做了一段时间就不乐意了，一是自己的手脚太笨，二是很多事情会被她搞得很糟糕。没办法，老公就请了一个保姆，不小的开支让他不得不拼命工作。慢慢地，他对小夏的不满也多了，认为她太娇气了，像一个永远都长不大的孩子，而且不懂体谅自己的辛苦。

自从结婚后，公司里那些爱献殷勤的男同事态度也有了变化，不光爱跟她开一些露骨的玩笑，在工作中也不再那么让着她了，她感慨这些男人只会对那些没结婚的女孩热情，一旦结婚了，单身男人就跑开了。一次她在做一项很繁琐的工作，忙得焦头烂额的。中午吃饭时，她看见几个男同事闲着没事在网上打扑克，就希望他们能帮帮自己。没想到他们都笑着拒绝了，说自己的工作还没做完呢。

公司曾组织一个团队去完成某个很重要的项目，当时很多老员工都加入了，唯独没让她参加。据说大家都担心她拖后腿，她很多事情都做不好，还可能耽搁别人时间，所以就拒绝跟她一起工作。

工作上不顺，家庭也遭遇危机。她嫌当时住的房子太小，建议老公卖掉老房子买套新房子，然后再好好装修一下。于是，他们把老房子卖了，用那些钱买了新房。可新房子还没装修，只能先租房子住。为了省钱还房贷，他们租了一间很便宜的房子，保姆也辞掉了。租的房子条件很差，没洗衣机，附近也没饭店。于是，两个人经常为谁洗衣服、谁做饭吵架。老公在这段时间脾气见长，生气的时候，老公就说："我真是娶了一个中看不中用的老婆，不要什么事情都等着我来做，我工作很忙的。"

租房子是暂时的，他们必须把房子装修好了才可以入住。小夏说，你是男人，这事情就应该由男人来操办。老公则说，我每天有那么多的事情要忙碌，哪有时间忙装修。你整天闲着没事，就不能自己搞定？反正是找装修公司，我到时给你联系好，你监督他们完成就可以了。小夏还是不愿意，说自己在这方面啥都不懂。

为这事，两个人再次吵起来。老公说了很多难听的话，把她批评得一无是处，最后还生气地说："大不了房子不装修了，我们就住在这里得了。"她回娘家哭诉了一番，爸爸很了解自己的女儿，就劝她以后不能这样娇气了，现在都奔三的人了，要学会自己做事情，不能什么事都想着别人来帮自己。

在父母的督促下，小夏很不情愿地忙起装修的事情。在此过程中，确实遇到了很多麻烦，也出了不少笑话。当然，老公不会看着她一个人忙碌的，只要有空就会过来帮她，有时实在忙不过来，就把父亲叫来，最后她总算把房子顺利装修完了，并受到了老公的赞赏。

虽然小夏心中对老公还有颇多的怨言，但通过这次装修，她学会了在没有男人的帮助下独立做事情，心态和性格都有所改变。她还决定把这种改变带到工作中去，自己分内的事情都独立完成，并积极融入团队，否则她早晚会丢饭碗的。

无论是小夏的老公，还是小夏的男同事，大家对她态度的转变都是很正常的。在学生时代，大家彼此没有什么利益冲突，浑身是力气的男生们愿意献殷勤。进入职场后，都是出来混的，竞争那么激烈，人家凭什么总帮你？偶尔帮帮没什么，老那样就不行了。你单身的时候，为了赢得你的好感，身边的男人很热情，可等你名花有主了，他们就未必那么热情了。

老公也是如此，恋爱的时候什么都抢着干，什么都让着你，宠着你。可他没有耐心这样做一辈子。等他工作忙碌的时候，对你的态度就会发生改变。就像故事中小夏的老公一样，对老婆的不满与日俱增，还说了很难听的话。

所以，在职场中，女性别太把女性优势当回事（何况很多公司都把女人当男人使），自己分内的事情自己解决，并要有独当一面的能力，别让男人小瞧你。在婚姻关系中，家庭需要两个人共同的付出，不能总要求男人应该怎么样，女性也应该严格要求自己，该自己做的事情不麻烦男人，想办法自己处理，当男人劳累的时候多体谅一下他的辛苦。同时，女性也应该学会帮助男人，做他事业上的好帮手。你经常帮助男人，才有资格享受男人对你的关照和宠爱。

## 适应没有男人在身边的日子

细心观察生活你会发现，男人在女人心中的重要性，远远高于女人在男人心中的重要性。有没有女人在身边对男人来说影响不大，女人则不同。恋爱和婚后的女人需要男人的陪伴，更希望每天都能看到他们的存在。

因此，女人最怕男人不在自己身边，特别是在男人出差、加夜班或是常年分居两地时，那“漫漫寂寥的长夜”、“长久不见踪影的等待”、“看不到尽头的思念”是女人最受不了的独处生活。她们害怕，她们担心，她们还会疑神疑鬼，想一些不着边际的事情。比如，有位女士曾在论坛上发帖道：

> 我是一个很传统的女人。因为工作的关系，老公很少在家。以前三五天能够回来一次，而现在，七天甚至十天才能回来一次。我知道他也是为了工作，为了这个家庭在打拼，不容易。其实这样的日子也不是一天两天了，开始还觉得没什么。但是，慢慢地，我发现自己越来越受不了。
>
> 夫妻二人，每天就通上两三分钟的电话，问问是否吃饭这样的事。晚上，我经常从噩梦中惊醒，害怕连这样的生活都维持不下去。梦中醒来，特别想有一个肩膀让自己靠一靠，有个人可以和我说说话。每天重复这样的生活，晚上也没有活动，就是带着4岁的女儿，所有的事情都不知道和谁去说。老公不在身边，这种日子我真不知道怎么过。我不喜欢唱歌，也不想玩牌，何况还有孩子。但我觉得自己真的很累，心里累。

女性为何那么在意男人的存在？一个重要原因在于女人最害怕孤单，不习惯一个人独处的生活，她们需要一个男人陪自己到老。男人婚前喜欢一个人闯世界，婚后渴望能摆脱女人的束缚，女人则喜欢两个人的世界，并想时时刻刻拴住男人的心。

小时候，爸妈出去办事把你留在家里，你哭着闹着不让他们离开，看不到他们你心里很不踏实，总害怕他们再也不回来了。

长大后，你把依赖的目标转向了男人。女人对恋爱和结婚的渴望高于男性。一些女孩在大学里不全是因为爱上一个男人才去恋爱，而是觉得一个人太孤单了，需要找个男朋友结束单身，有人疼，有人爱，有人陪着花前月下。

进入社会，到了一个陌生的城市，朋友不多，父母不在身边。一个人租房，一个人逛街，一个人吃饭，一个人看电视，空荡荡的房间只有孤单的自己。那时，会特别渴望一个陪伴自己的男人。所以你会看到，很多女孩到了外地，同居的现象很普遍，其中一些并没有太深的感情，不是她们性开放，而是一个人在外乡太孤独了。

结婚后，两个人长期厮守久了，没男人在身边的日子是漫长的煎熬。看不到男人的身影，听不到男人的声音，闻不到男人的气息。偌大房间里只有自己孤单的身影，不知道该干些什么，脑子里全是思念、忧虑，甚至担心男人如果出轨了怎么办。晚上睡觉时旁边空荡荡的，一点小小的响动都令你害怕。有时男人没出轨，倒是女人有些蠢蠢欲动了。她们未必是放荡，可能是寂寞了，如果再遇到诱惑，就难抵挡。

另一方面，女人视男人为自己的精神支柱。在传统家庭里面，男人被看成家里的顶梁柱，是妻子和孩子的精神依赖，看不到男人，妻子和孩子心里就会特别不踏实。我的母亲也是，我在《打给母亲的电话》这篇文章中曾写过：

> 母亲担心父亲，每次父亲出远门她都担心。记得一次过年的时候，父亲到别人家串门，玩到很晚的时候也没回家，也没往家里打电话，那个时候他还没有手机，于是母亲就满大街地找他。虽然过了很长时间父亲回到了家，但母亲还是哭了，她说你至少也应该往家里打个电话啊，不知道家里很担心你吗？！

上面讲的是女人待在家里离不开男人。当她自己出去旅行、独自去办事情时，如果男人不在身边，她也不习惯。一些女孩平常不敢独自出远门，她们习惯了男人陪在自己身边，什么事情都希望由男人去处理。

有个女士说她一直想到乌镇看看，这个愿望有好几年了。但老公不喜欢那个地方，总是带她到北方的一些旅游景点。她曾想一个人去看看，却迟迟未能行动。以前旅行都是老公带着她，买票、坐车、路线、住宿等，自己全都不用操心，跟着老公走就行。现在想到什么事情都要一个人来，她就怕了，怕找不到地方，怕遇到麻烦解决不了。还有个女士，平常出去看房、签合同、买家具，也得男人跟在身边才敢做决定。

同时，她们出门在外，会比之前更担心男人出轨。会没完没了地给老公打电话，恨不得马上买张机票到家里看看男人究竟在干什么。所以，无论是男人不在身边，还是离开男人身边，女人都没有安全感。

但是，做老婆不是做孩子，女人要学会适应一个人的日子，消除自己的孤独和多疑。前面已经多次讲到了，女人应该学会独立（不管是能力上还是精神上），不能什么都依赖男人，要有独当一面的能力。

男人不可能天天陪着你，出差、加班、出国是他工作的需要，你一方面要理解，另一方面要让自己的生活变得充实。男人也不可能什么都陪着你去，你要有能力独自面对这个复杂的外部世界。另外，男人有时还会遭遇各种变故，如生病、失业、破产，等等，那个时候你就只能靠自己了。

希望下面这些建议对女性能有帮助。

1. 不过度思念，学会充实生活。

男人不在身边时，如果占据大脑的都是男人，你的孤独、寂寞和忧虑就会特别强烈。适当的挂念和担心是应该的，但不宜过度。因为你干着急是没用的，不如把想他、担心他的时间用在其他方面，分散和转移你的注意力。如果你觉得一个人在家太孤独了，可以回父母那里住几天，或者招呼朋友到家里热闹热闹。

2. 锻炼自己的胆量，没有男人在身边也不怕。

害怕夜晚的孤独，不敢独自远行，跟一些女孩胆子太小有关系。她们晚上睡觉不敢关灯，总觉得窗外有可疑的东西在动。出去总怕遇到坏人，真的遇到了缺少应对的勇气。所以，锻炼自己的胆量和勇气很重要。如今市场上有这方面的训练，不妨去试一试。

3. 多出去走走，多经历一些事情。

古时候，很多女性是“大门不出二门不迈”的，如今在一些乡下，辈了都没出过远门的女性也大有人在。如果女性没有在外边的经验，没有见过世面，她就会害怕一个人出去。所以，平常多出去走走，经历多了，出门在外就有信心了。

4. 学会克制寂寞，远离有企图的男人。

男人出轨多半是身体上的欲望，女人出轨则多半是精神上的孤独。因为孤独，想有人来陪，面对诱惑时一些寂寞女人就难以把持住自己。所以，欲望是魔鬼，孤独也是魔鬼，面对诱惑时必须克制自己，多想想后果。另外，远离那些对你有企图的男人，不要跟老公之外的男人玩暧昧。

## 养家不全是男人的责任

有些女孩会有这样的观念：养家是男人的责任，嫁给男人就是来享福的。在互联网上，还有人喊出了这样的口号："男人负责赚钱，女人负责消费"以及"男人赚钱养家，女人貌美如花"。从中可以看出，女人看重男人的付出，更看重自己的所得。对于自己应该付出什么，应该给予男人什么，她们好像不太关心。

一些女孩有自己的工作，收入也不错，但她往往把钱都用在个人消费上了，当自己的钱不够花时，便去花老公的钱，她们觉得花男人的钱是天经地义的事情。在恋爱的时候，她们就告诉闺蜜，看一个男人爱不爱你，就看他舍不舍得为你花钱。结婚后，她们又对闺蜜说，看老公爱不爱你，就看他是否愿意把赚来的钱交给你来花。

她们每天把自己打扮得漂漂亮亮的，刚上市的苹果手机，最新款的名牌衣服，高雅的咖啡馆，每月再去一次美容院。而且，她们最爱逛街购物，每次回来都是大包小包地放满自己的衣柜，哄着眼睛高兴。于是，生活的担子全落在了男人身上，他们不仅要负责家庭的主要开支，维持生活的运转，还要满足女人的消费欲望。

很多重要的支出都是男人承担的——房贷、日常开销、物业费、供暖费、车贷、孩子上学的费用、下馆子的钱……男人一般情况下不会花女人的钱，但自己赚的钱却要供一家人使用，而女人的钱常常是她自己一个人花。等离婚的时候，男人还得分一半给女人，甚至净身出户。

如果一个男人愿意承担全部的家庭责任，一个人赚钱养家，让女人享福并且貌美如花，那是女人的福分，没什么可说的。但是，如果男人不愿意独自承担家庭的重担，也不喜欢女人那么爱消费，也不要指责他。建立家庭不是一个人的事情，男女都有责任，一味强调男人的责任和女人的所得，是对男性的不公平。

女人也有义务养家，无论从法律上还是道义上，都应该如此。如果家庭是男女共同成立的一个公司，你就得为这个公司付出自己的努力，以一个合伙人的态度，把家庭这个公司经营好。你付出了，才有资格说这个公司有你一半的功劳。当意识到自己肩上的责任和义务，消费时你就不会随心所欲了。

小刘结婚的时候，老公对她说："你以后就别出去工作了，由我来养着你，让你过上最幸福的生活。"小刘很开心，婚后就辞去工作在家享清福。老公把赚来的钱都交给了她保管，作为一个新婚妻子，她脑子里有很多想法想去实现。她想把房子装修得再漂亮些，为此拼命购物，买了很多东西，把房子弄得有模有样的。她还觉得生活应该浪漫一些，每隔几天就拉着老公去咖啡馆坐坐，或者去一些有品位的餐厅吃饭，周末让老公带着她到处玩。

半年下来，老公已经不大愿意陪她出去玩了，常常躲在房间里写东西。而且不让老婆给自己买太多的衣服，零食都很少吃了。她奇怪老公的变化，一天逛街时遇到老公的女同事，就说了自己的疑惑。老公的同事告诉小刘，他们公司最近业绩不好，很多人都降去了一半的薪水。小刘的老公为了不影响生活的质量，就靠给网站写文章赚点稿费。末了，她还羡慕小刘找了个好老公，数落自己老公的不是。

小刘是个通情达理的女孩，一个家庭的重担怎么能全让男人承担呢？一个星期后，她在一家化妆品公司找了份销售的工作，待遇还不错。然后她就回家告诉老公，自己要出去工作了。老公说怎么不让我养着你呀，小刘笑笑说在家待着闷得慌。其实，真正的原因是她想和老公一起赚钱养家。

即便你不是一个很会赚钱的女人，也至少该理解男人的辛苦付出，让他看到自己的努力是值得的。在男人钱多的时候，就帮他理财做投资，如果你能把他赚到的 10 万块增值到 15 万块，你同样为这个家庭做出了贡献。在男人钱少的时候，学会省钱过日子，把钱都用在刀刃上。聪明的女人能把月收入五千元的家庭打理得井井有条，而不会过日子的女人，即使他们家月收入上万元，她还是会觉得钱不够花。

## 你是一个敢当领导的女人吗

如果有一个领导的岗位等着你来干，你想干吗？很多人肯定很愿意干，因为那意味着高收入，有话语权。但如果你是个普通的女孩，从小到大连班长都没做过，你还敢吗？相信有些女孩会犹豫，没有这个胆量，比如王小萌。

王小萌来公司已经两年多了，算得上一个有资历的老员工（员工跳槽厉害），她没有要跳槽的打算，对公司的发展潜力蛮有信心的。她工作能力上也突出，多次被评为优秀员工，颇受老板欣赏，一直想提拔她。

有一次公司缺一个部门领导，经理决定在公司内部选拔。当时王小萌就是候选人之一，可她却主动退出，把机会让给了别人。很多人不理解她，如果当选，每月就能拿到五千多的薪水，还有独立的办公室，而且还有几个人要听从指挥。

实际上，王小萌早有做领导的愿望，但真的给她一个领导的职位让她干时她却退却了，她不清楚自己是否有这个能力，觉得如果干不好就太丢人了。她从小到大都没做过管人的事情，连班干部都没当过。上学时，她在班里是个听话的好学生，在公司里是模范员工，服从管理，在家里大事小事也是老公决定。

王小萌更习惯做个普通员工，虽然辛苦还被人管着，但没什么压力。只要做好自己的工作，遵守纪律，就能成为好员工。而做领导就不同了，要有处理复杂人际关系的能力，要有决策的能力，还要有执行的能力。

回到家她把退出的消息告诉老公后，老公开玩笑地说："多好的一次机会就被你这样错过了。如果我在你们公司，你让给我当该多好啊！"

她问老公："你说，如果我当了这个领导，我能干好吗？"老公鼓励她："你没试过怎么知道自己不行呢？"

"可是很多领导都是男人当的。"王小萌说。

"女的怎么啦？我的上司就是女的，而且才25岁。"老公鼓励她。

半年后机会再一次来了。他们部门一个主管突然离职，老板找不到合适的人选，就找王小萌来商量。她还是有些犹豫，老板就说目前没谁比你更适合这个岗位啦，你在这个部门待了两年多，很多情况都了解，而且工作能力也突出。

"我也想试试，就是怕自己做不好。"王小萌说。

"这样吧，你先试着干一个月，我会指导你的。你回去考虑下。"

几天后，在老公的鼓励下，她抱着试试看的态度接受了这份挑战。过程中遇到了很多困难，一度想放弃，但她最后还是选择了坚持。目前她已经做得游刃有余了。

类似王小萌这样的女孩还有很多。她们可能很优秀，很有能力，也有当领导的机会，却没有这个勇气，她们更习惯做一个被管理的员工。缺少胆量只是一方面，主要还是心态的问题。因为迈不过内心这道坎，导致很多女性与领导的岗位无缘。

受传统文化的影响，女性缺乏领导别人的意识，习惯了被人领导。过去，大事小事都有男人决定，男人是国家的主人，也是家庭的主人。女人不能干涉朝政，在家里面什么都要听男人的安排，在集体活动中，女人也没有发言权。这就使得女性形成了一种"领导都是男人来当"

的观念，她们不敢出头，不敢决策，不敢执行。

但时代不同了，现在做领导是不分性别的，只要有能力，任何人都可以做。且不说如今的政治人物，看看中国的企业界，出色的女领导大有人在，有些还进入了胡润富豪榜，成为让男人都望尘莫及的企业领袖。调查显示：自 2005 年以来，我国领导的数量稳中有升，女企业家占企业家总数的比例将近 25%，女性掌管的企业 98% 处于盈利状态。

在国家机关中，女干部的队伍也强大起来。媒体报道：

在中央国家机关干部队伍中，45 ~ 49 岁年龄段的，女性占 19.3%，男性占 19.8%;35 ~ 39 岁的，女性占 11.8%，男性占 14.9%，均为男性比重大于女性。在 25 ~ 29 岁年龄段，女性为 14.8%，男性仅为 8.6%; 在 24 岁以下年龄段，女性为 2.6%，男性仅为 1.3%，均为女性比重大于男性。这表明，近些年进入中央国家机关的女性越来越多。一些部门反映，公务员招考中，女性笔试和面试分数往往超过男性，所招录女性公务员的人数也超过男性。

这些女干部受教育水平大为提高。调查数据表明，中央国家机关女干部中，大学本科学历占 42.3%，硕士研究生占 32.7%，博士研究生占 10.9%，这三部分已接近女干部队伍的 90%。而且，女干部的年纪越轻，学历层次越高。

女人当领导有自己的性别优势，比如细心、亲和力、耐心、善于倾听、善于协调关系，等等。有些女人能做成的事情，男人未必能干得好。以“女人领导力”管理心得著称的全球知名咨询机构愿景集团副总裁庞玉华曾说：女人与生俱来的温柔力量成为她们管理企业的利器。

很多男人觉得女人当了领导会变得很彪悍，不再温柔漂亮了，这其实是一种误解，是男性的一种偏见。有很多女性管理者，她们不仅漂亮有气质，而且态度和善，彬彬有礼，很受下属的爱戴。当然，做领导要有做领导的样子，该温柔时温柔，该厉害时厉害，不然就没谁把你放在眼里了。要在工作中建立自己的威信力，让员工既愿意亲近你，同时当他做错事时又对你有畏惧感。

# 第七章 『抹布女』的爱，男人不可怜

根据海岩小说改编的电视剧《拿什么拯救你，我的爱人》曾在多家卫视热播，其中，由美女董璇扮演的祝四萍的一句台词引起广泛讨论，她这样说："我就像是一块抹布，把你身上的泥土擦干净了，把你擦得像个城里人了，你就把我丢掉了。"从此，"抹布女"这个词诞生了，而祝四萍则成了"抹布女"的代名词。

这样的女孩很体贴，很温柔，哪里都好，可是她们爱男人多过爱自己，爱得不平等，爱得不被尊重。为了男人她们愿意付出自己的一切，无怨无悔，但男人并不那么爱她，用过她之后，就像抹布一样抛弃了她。所以，女人需要一份平等的爱，坚决不要做"抹布女"。

## 微语录：

琳达 1988：祝四萍不是我的榜样。//@ 海梦冰蓝：女人千万不要在男人面前太卑微了，要自己爱惜自己。

@ 网络热词精选：# 抹布女 # 近期热播剧中，"抹布女"祝四萍对爱情的执著和奉献成了一种"无私奉献"型的爱情典型。所谓"抹布女"，即全心全意帮助爱人成功，最后被抛弃的悲剧女性。

海梦冰蓝："抹布女"伤不起呀！//@ 玲玲：对男人的好，要有个度，不要一味付出。

瓶子 2014：# 抹布女 # 都说我是"抹布女"，擦完别人脏自己。爱上负心龙小羽，他却狠心把我弃。龙小羽啊我问你，你可知我有多爱你。伤痛只能埋心底，让我怎能伤得起。【祝四萍心声】

## 爱需要平等，卑微的爱不可取

电视剧《拿什么拯救你，我的爱人》中那个被称为“抹布女”的祝四萍颇受争议，特别是她对爱情的态度令人无法理解。祝四萍和龙小羽曾经相爱过，有过十分美好的回忆，可后来这个男人爱上了别的女人，抛弃了她。按说，当一个男人不再爱你的时候，不如放弃。可是祝四萍放弃不了，她总是活在过去的爱情之中，幻想着两个人可以重新开始。

为了让龙小羽爱自己，她在对方面前放弃尊严，放弃理智，放下姿态，愿意为他做任何事情，甚至愿意为他去死。祝四萍的扮演者董璇也说：“祝四萍是个很普通的底层人，没有什么文化，但是她却深爱着龙小羽，愿意为了龙小羽付出一切。”

祝四萍爱得是如此疯狂，如此卑微，如此自虐，可惜男人不再爱她了，她的付出没有得到任何回报。最后为了让男人说爱自己，她不惜用自杀的方式威胁男人，她真的死了，带着太多的遗憾离开了这个世间。

在同情祝四萍的不幸遭遇时，还应该反思她的爱情态度。男人忘恩负义、移情别恋固然是错，但如果他已经不爱你了，你再抱着他的大腿不放已经没有什么意义了。即便想挽回感情，也必须堂堂正正的、挺直了腰板才行。千万不能太卑微了，放弃尊严的爱情不是真正的爱情。

还有的女孩，深深地爱上了一个男人，愿意为他做一切事情，为此，她放下姿态跟他交往，一切都顺着男人，哪怕他打自己都不反抗。可惜男人对她却很是一般，对她忽冷忽热，不能用同样的态度和精力去爱她。这样的爱太不公平了，爱应该建立在平等的基础上，没有平等的爱情不是真正的爱情。

王小倩在高中的时候就暗恋张鸣。那时她是一个内向羞涩的女孩，不敢表达自己的爱情，默默喜欢了张鸣三年，日记里写满了他的名字。张鸣则是学校里的明星人物，他的篮球打得很棒，身边从来不缺女朋友。他从来都没注意过王小倩的存在，在他看来，王小倩不过是一个不起眼的灰姑娘。

中学毕业后，王小倩追随张鸣去了同一所大学。因为是同学的关系，两人多了些交往，那段日子王小倩很快乐，为了让张鸣喜欢自己，她学会了打扮自己，还乐于为他做很多事情，比如洗衣服、抄笔记等。正当她幻想着两人产生一段感情时，张鸣却跟她的一个室友谈起了恋爱。看着他们整天卿卿我我的，她既失落又嫉妒，有时还得做两人之间的邮递员。那滋味别提有多酸了。

但王小倩依然在心中爱着张鸣，期间有个男生追求她，但被她拒绝了。一年后，张鸣跟那个女孩分手了，王小倩暗自高兴，觉得自己的机会来了。那些日子张鸣的心情很差，沉寂在失恋的痛苦中，王小倩就一直陪着他，开导他。

有一天张鸣喝得酩酊大醉，他们回到学校的时候，校门已经关闭。王小倩只好把他送到了附近的旅店，帮他脱鞋子，给他盖被子。突然，他起身抱住了她，拼命地亲吻她的身体，脱她的衣服，她挣扎了一番，最后顺从了他。那是她带着疼痛的第一次，但她不后悔，希望用这种方式能成为他的女朋友。

然而，整个过程中，他没有说一句我爱你之类的话，相反他一边撞击她的身体，一边说着含糊不清的脏话。她忍着疼痛，任凭他的摆布和疯狂，直到他昏昏睡去。可她一夜未眠，在被子里偷偷流泪，同时又庆幸终于做了他的女人。

第二天张鸣醒来，看着躺在身边的王小倩，只是淡淡地说了句“对不起，我昨晚喝醉了”，穿上衣服就想离开。王小倩哭了，她一把拉住张鸣的手说道：“不要走，我真的很喜欢你，从高中时就暗恋你……昨晚是我自愿的，我不怪你，就让我做你女朋友好吗？虽然我不够漂亮，但我愿意为你做很多事情。”

张鸣坐下来一个人抽烟。半个小时后，他说好吧，但是你不要太干涉我的自由，包括我跟其他女孩交往。王小倩同意了他的要求，从此两人便以恋人的身份在一起了，并在校外租了一间房子。她很爱很爱他，比任何一个女朋友都称职，但张鸣对她的态度却一般般，有时还把她呼来喝去的。张鸣从来没送过她像样的礼物，没展示过自己的浪漫，甚至连甜言蜜语都很少说。有人说王小倩更像是张鸣的一个保姆，爱得太卑微了。还有的人说，张鸣根本就不爱你，不值得你这般付出，不如离开他好了。

王小倩没把别人的劝告放在心上，哪怕看到张鸣和一些女生很暧昧，甚至跟别人发生了关系，她都一如既往地爱着他。毕业后，她跟着张鸣去了北京，在郊区租了一间很简陋的房子，开始了他们的北漂生活。起初不顺利，两人都找不到像样的工作。张鸣一连换了好几份工作，不是人家不满意他，就是他觉得薪水太低不想干。有几个月，张鸣不出去工作，整天去网吧打游戏。两个人的生活全靠王小倩一月两三千元的薪水维持。而且，洗衣服、做饭、打扫房间等都是王小倩自己干，连陪她逛街张鸣都懒得去，只会跟一群男人吃吃喝喝。

两人开始有了一些争吵，有时张鸣还会动手打她。一年后，他们的生活好转，搬进了小区租房。在那时，王小倩怀孕了，她告诉张鸣后，他想都没想就让她必须打掉这个孩子。王小倩很想做妈妈，哪怕跟张鸣裸婚都愿意。但考虑到现实的情况，她还是忍痛打掉了这个孩子。

做完流产手术后，王小倩的身体很虚弱。张鸣没怎么照顾他，每天都见不到他的影子，一会说跟朋友喝酒，一会又说自己加班。两人的争吵越来越多了，那时王小倩的身体和精神都开始疲惫，想想这么多年来的付出，再想想张鸣对自己的态度，她感叹自己的爱情太卑微、太没有尊严了。

一天中午王小倩去约见朋友，途中看到张鸣与一个女孩在某餐厅吃饭，两人显得很亲密，他还亲手喂那女孩饭吃。这么多年了，他都没对自己这般亲密过，她羡慕，她嫉妒，她恨。她实在看不下去了，哭着跑回了家里。

她在日记里这样写道：

我是那么那么的爱你，不顾一切去付出，

却没换来几句“我爱你”！

在我想你的时候，你却想着别人；

在我为你做饭时，你却与别人共进晚餐；

在我为你洗衣服时，你却在给另一个女人脱衣服；

在我打掉孩子时，你却躺在别人的床上；

我的爱是如此的卑微，以致觉得自己很贱。

我累了，累了，真的累了！

那晚，两人大吵了一架。她一改往日的懦弱、忍耐，把委屈、愤怒都爆发了出来，她狠狠地把张鸣骂了一顿，质问他为何不能把同样的爱给自己。张鸣说：“是你喜欢我的呀，你自己愿意卑微，愿意对我好，难道是我的错吗？”

王小倩哭着问：“那你喜欢过我吗？为什么要跟我在一起？”

张鸣没有回答她。绝望的王小倩负气出走，去了一个朋友那里暂住。朋友劝她赶紧分手，说这份爱太不平等了，你爱得太卑微了。还说，当你深爱的男人不能把同样的爱给予你时，你的爱情就没了价值。

几天后，王小倩收拾自己的行李离开了那个令她伤心的地方。不久，她接受了一个男同事的追求，对方很爱自己，她终于体会到了什么叫爱情，那就是找一个你爱他同时他又爱你的男人，不卑不亢，彼此付出同样的感情。

生活中还有像王小倩一样的女孩。你会疑问，她们傻吗？为何愿意这般为一个男人付出，值得吗？确实不值得，然而女人是情感动物，当她们决定爱一个男人的时候，就没了常人的理智和分寸，会甘愿为一个她爱的男人做很多傻事，哪怕她是女博士，在爱的魔咒下，都有可能变成一个傻女人。

但这样的爱终究不是真正的爱情，最后收获的只能是伤害。作为一个女人，可以为爱情疯狂，但必须清醒自己的所作所为。爱一个男人时要不卑不亢，哪怕他地位很高，很令你痴狂，都不能放下自己的尊严。一个人的爱不是爱情，两个人的付出应该平等，所以应该选择一个同样爱自己的男人。别期望男人的可怜，用同情换来的爱情，即使得到了也没有什么意义。在恋爱中保持理智的判断，不值得爱的人就要趁早放弃。

## 在恋爱中，女人要学会先爱自己

“抹布女”还有一个很大的特点，就是“爱别人多于爱自己”，她们弄脏了自己，擦干净了男人，却在自己满身灰垢之时，被男人无情地丢在一边。或者她们像蜡烛一样，燃尽自己的身体，照亮男人的前程，可等到男人飞黄腾达了，自己却化成了烟云消散。

一个不懂得爱自己的女人，注定会在恋爱中受委屈。要知道，男人在恋爱的时候，虽然会表现出热情、浪漫、伟岸的一面，但同时他们又是习惯用下半身思考的动物，有时还很忘恩负义。比如想跟女人上床满足自己的欲望，却不愿意为女人负责。男人可以不爱惜你，但女人自己必须爱惜自己，做一个对自己负责的女人。

就曾有这样一个阳光漂亮的女孩，却被一个男生给毁了。初三时，隔壁班一个男生追她，而她正处于情窦初开的年纪，对爱情也充满了向往。在男生的死缠烂打下，她早恋了，并在男生的诱惑下偷尝了禁果。

事后她才知道，男生并非真心喜欢她，他仅仅是想证明给其他同学看，自己追到了全校最漂亮的才女。自从他们发生关系后，男生就到处炫耀，弄得全校都知道她不是处女了。父母骂她，老师惋惜，同学在背地里嘲笑她。那之后，她的成绩一落千丈。还成了大家的反面教材，有一年的时间她都抬不起头来，在精神上受到的伤害远远大于身体上的裂痕。后来她还患上了抑郁症。

小男生如此，何况圆滑世故的成年人。在恋爱中，男人喜欢从女人身体上得到快乐，却不懂得爱惜女人的身体，总是贪婪地索取，索取，再索取。但所有的痛苦和危险却都要由女人来承担，比如男女同居，没有采取有效的避孕措施，导致女人怀孕、流产等，有的女孩还做了未婚妈妈。

小唐人长得很帅气，但学历不高，中专毕业后去了一家电子厂做流水线工人。他在厂里交了一个女朋友，在郊区租了一间200元的房子，两人便开始了同居生活。小唐很抠门，平常连避孕套都懒得买，以为掌握了安全期就没事。却没想到在短短几年时间里，女孩子已经为他流产两次了。

小唐每月才1500元的薪水，女孩子流产的时候他没钱送她去正规医院动手术，找的是那种黑诊所，设备别提有多简陋了。动手术的过程医生没有使用消毒，也没有止痛。简陋的手术让女孩吃尽了苦头，她当时脸色苍白，样子很凄惨。

手术后，女孩的身体受到了细菌的感染，发起了高烧。她当时一个人躺在冰冷的床上，乱蓬蓬的头发，身上的衣服也脏兮兮的。屋里没有灯，漆黑犹如死亡一样可怕。而此刻，小唐竟然没有陪伴在她的身边，自己一个人去网吧玩游戏了！

故事中的小唐可恶至极，但他的女朋友也应该反省自己。如果当初能够好好地爱自己，不跟男人同居，或者做好避孕措施，她也不至于落到如此凄惨的地步。

所以，女人要学会爱惜自己，无论交往的是什么样的男人，在爱男人之前一定要先爱自己，学会保护自己，不能让男人的想法任意地得逞，否则就有可能像故事中的两个女孩一样，承受流言蜚语和身心的双重疼痛。

爱自己，就应该学会拒绝男人，什么该做，什么不该做，不能听男人的，自己要考虑清楚后果才行，伤害自己的事情要大胆拒绝男人。还要告诉他你的原则和坚持，让他懂得尊重你、爱惜你。

## 【千万不能事事惯着男人】

有惯着女人的男人，也有惯着男人的女人。一些所谓的情感专家鼓吹要把男人当情人一样宠着，这样他才不至于搞外遇。可是太宠着、太惯着男人了，他们也会出现问题。我们都知道娇生惯养的孩子身上会有一堆的坏毛病、坏习惯，如果缺乏管教孩子还容易在外边惹是生非。对孩子不能太惯着，对男人也是如此。

比如有的女人很爱自己的男人，在家里什么事都不让男人动手，像宠孩子一样宠着男人。时间长了，男人变得十分懒惰，什么事情都想推给女人做。哪天你累了，想让他分担家务就没那么容易，他已经习惯了这种衣来伸手饭来张口的生活。有时，你对男人越好，男人越不能体会你的辛苦。在一个论坛上，一个女网友这样诉苦：

认识我的人都说我把老公惯坏了！隔壁的一个阿姨直接说我："男人是个贱动物的，你越是惯他，他就越是想上天！你干吗不叫他自己做家务！你自己天天省吃俭用的，为的是啥？人都只有一辈子，你干吗这样辛辛苦苦地伺候他啊！

女人是男人的妻子，不是男人的家庭保姆。你没有义务去伺候男人的方方面面，男人也没有权力把自己不愿干的事情推给你来做。所以，平常多让男人分担点家务，该男人做的事情就让男人去做，帮助男人养成好的习惯。

女人太惯着男人了，还会使男人失去斗志、不思进取，或者助长他的坏习惯和坏行为。一个男人是积极向上，还是消极堕落，女人多少要负点责任。我们常说成功的男人背后总有一个认真负责的女人，同样，每个不成功的男人背后，总有一个没尽到责任的女人。没自律的男人是需要时刻敲打的，你越是放任他，惯着他，他就越不争气。

有个女士聪明能干，辞职后自己开了一家文化公司，收入可观。老公却是保险公司小职员，收入不及她的十分之一。她就承担了所有的家庭开支，平时还给丈夫钱花。有老婆养家，还能过上优越的生活，老公很知足，从此就变得不思进取，好逸恶劳，工作不认真干，还整天败坏老婆辛苦挣来的钱。妻子见老公越来越没出息，再也不敢惯着他了，开始严格要求老公，并减少了他的零花钱，逼得老公不得不努力赚钱。

另一对新结婚的80后小夫妻，老公没啥爱好，就喜欢上网，没事就跑到网吧打游戏。妻子觉得现在的年轻人都爱好这个，就放任老公去上网。他们有了一定积蓄后，老公执意要买一台电脑，妻子也同意了，她觉得老公以后就省得去网吧了。可自从买了电脑后，老公整天就待在房间上网，有时还通宵熬夜。老公把薪水都变成了虚拟货币，买了大量装备。而且长期迷恋网络，使得老公无心工作，最终他被公司开除了。老公的堕落，生活的压力，使得妻子意识到不能再这样惯着老公，她开始限制老公上网，并鼓励他努力工作。

女人还应该懂得对男人的健康负责，太惯着男人的一些习惯、爱好，会伤害男人的身体。男人都有一些爱好，但这些爱好可能对身体不好，比如吸烟、喝酒、暴饮暴食、吃一些不卫生的食品、自以为身体强壮病了不看医生，等等。男人的这些行为，女人最好“干涉”一下，对他负责便是对自己负责。

不过，男人吸烟喝酒是在所难免的，女人要做的是控制他们的量。在饮食方面，男人有自己爱吃的东西，但女人应该让男人吃得营养、健康。平时注意男人的饮食结构，荤素搭配，营养均衡。外边那些不健康的食品，让男人少吃。男人病了，劝他们吃药或者去医院，哪怕是小病都不能掉以轻心。

此外，女人不能放松对男人的约束和监管，太惯着他了，他就有可能在外边花天酒地、拈花惹草。有个妻子对自己很自信，她漂亮、高学历，并出身大户人家，一般女人她都不会放在眼里，认为老公是不会出轨的。平时老公喜欢和一群狐朋狗友经常出入夜店之类的地方，老公说生活压力大，需要消遣。妻子没怎么放在心上，任凭老公在外边玩，极少问他的业余生活，有时老公彻夜不归，她都不怎么责怪他。

后来，妻子发觉下体不适，就到医院查了查，医生告诉她得了性病。性病？听到这个词她就想呕吐，接着便是恐惧，怎么可能？医生建议让她丈夫也来查查，结果丈夫也得了同样的病。原来，丈夫在外边跟一些女人鬼混时染上了性病，然后又把性病传染给了她。妻子恨透了丈夫，从此之后，她对老公看得很紧，再不惯着他在外边花天酒地了。

## 要给男人一个恋爱的期限

有个女孩这样说：

我跟男朋友恋爱已经八年了，从大学时我们就在一起，毕业后一起来到了北京发展。如今我已经27岁的“高龄”了，眼看就要奔三，父母着急，我心里也着急。从三年前我就提出结婚的想法，当时男朋友就以年龄还小为由，让我再等两年。

第二年再提时，他说等房价降了，在北京买套房子再做打算。等了一年后，房价没降，他对结婚的事情也没什么反应。我不想再等了，在今年的时候，我就提出了裸婚的想法（尽管父母反对我这样做）。我说，自己可以不要房子，不要车子，不要求你有多少存款，只求能够做你的妻子！

这次男友还是模棱两可的态度，他说自己正值事业的上升阶段，公司的领导正在考察他，这个时候结婚怕会失去这个机会。而且他还说自己现在还没做好结婚生子的心理准备，更喜欢目前这种状态。他习惯这种状态，可我不喜欢，这算什么，难道要谈一辈子恋爱？我不知道男友心里是怎么想的。80后的男人结婚压力大，我理解，但自己自愿裸婚，他为何还不能接受？

父母在一天天地催自己，周围的姐妹也一个个嫁人，有的孩子都会走路了。再这样等下去，真怕自己老了以后他再爱上别的女人。经过再三思考，我给男朋友下了最后通牒：如果在我 28 岁时再不结婚，我会主动分手的。

女孩焦急嫁人的心态和对男友最后的通牒，一定能引起很多女孩的共鸣。女人是十分在乎婚姻的，也许，婚姻、结婚证、婚礼只是个形式和仪式，但对女人来说，婚姻是对自己的尊重和肯定，也是爱情的归属。有婚姻，女人心里才踏实，才有安全感。

另一方面，正如女孩的担忧——普通女人的青春是短暂的，25 岁前是女人结婚的最佳时期，等有一天她奔三了成了“剩女”，她会特别的着急，再想找个对象就难了，那时不是她挑别人，而是等着别人来挑了。男人则没有结婚的年龄恐惧，他们可以到 40 岁，甚至 60 岁都可以找个 20 几岁的美女做老婆，但再美的女人一旦过了 35 岁，便会感觉岁月无情、青春不再了。

然而，男人对婚姻的态度与女人不同，他们并不那么着急结婚，一是没有年龄上的忧虑，很多男人喜欢选择在 30 至 40 岁时结婚，他们觉得在 20 几岁时结婚自己一无所有，怕沉重的家庭负担会压得自己喘不过气来，实际上是怕承担责任。他们总想先成就事业再谋求婚姻，或者先创业再结婚。还有的男人压根就没打算跟你结婚，他只想跟你玩玩，给你虚假的承诺，一次次欺骗你善良的感情。等他厌倦了，他又开始喜欢新的女人。

后一种男人更可恶。他们在恋爱过程中常对女人说：“爱情不在乎结果，只在乎彼此拥有的过程”，或者对你说，“既然我们都在一起这么多年了，何必在乎那一张证（结婚证）”。爱情本身是没有目的的，但并不意味着结果不重要，也不意味着爱情不需要结果。男人的这种心态，不过是他想逃避责任，不想与你结婚的借口，这是他的游戏规则。

这些男人霸占了你的青春和身体，并得到了快乐和自由，等女人提出结婚的要求时，他却找出各种理由敷衍你，让你一等再等。可能有一天你老了，他不再喜欢你了，为了与你分手，他便拿出那些话为自己开脱，可没多久他竟然又爱上了另一个女孩，他会继续把那句话说给第二个傻女孩听，直到第三个、第四个……

小薛就遭遇了这种男人。她毕业后一直单身，因为生活圈子小，没有那么多的男人可以去接触。加上工作也忙碌，就一直没能解决个人问题。可随着年龄的增长，她越来越觉得自己很孤独，渴望找一个人恋爱，最后能组建一个家庭。

后来通过相亲她认识了一个男士，感觉还不错。对方30岁左右，是个搞音乐的，帅气并有才气，身上流露着一种成熟男人的魅力。这人虽然没名气，但有房有车，日子过得不差，还认识很多名人。而在那人看来，小薛年轻漂亮，有学历有气质，他很喜欢，于是两个人就交往了，之后男人搬到了小薛这里住。

一开始小薛就问他，你会跟我结婚吗？男人信誓旦旦地说，当然呀，现在都住在一起了，离结婚不过是一步之遥。交往半年后，再问，还是那句话。交往一年后，小薛越来越感觉此人诚意不足，不仅满嘴谎言，而且跟他有染的女人太多。

小薛通过打听得知，此男交往过很多女人，没想过跟谁结婚，只是想不停变化自己身边的女人。还没等小薛提出分手，那人便溜走了。她想起了北大才女邵夷贝在《大龄文艺女青年之歌》中唱的：还有极少部分搞艺术的男青年，搞艺术是为了搞姑娘，搞姑娘又不止搞她一个，嫁给他干什么呢……小薛终于看透这个男人了，她决定下次恋爱，必须给男人一个期限，不靠谱的男人就提早放弃。

爱一个人可以一辈子，但跟一个男人恋爱却需要一定的期限，这个战线不要拉得太长，需要男人给你一个明确的答案和承诺。比如恋爱三年后就结婚，说到做到。当你觉得一个男人不太靠谱时，当痴情根本没有结果时，当男人一次次欺骗你不给你一个明确的答案时，就不要再傻傻去等待了。放弃是对自己的尊重。

男人光承诺给你一个结果还不行，他还必须拿出实际的行动。有的男人说要跟你结婚，可他用形式上的婚姻关系来混淆法律上的婚姻关系，就是不登记，不举行婚礼，不让周围人知道。有个女孩想跟男友结婚，男友却说：“我们现在都住在了一起，跟结婚有啥区别，需要一个本本来证明吗？”

当然需要，本节开头已经讲了，结婚证虽然只是一个形式，但却是男人对女人的一种尊重。而且有了法律上的婚姻关系，当女性的权益受到侵害时，她才可以通过法律途径维护自己的权益。所以，若男人真想和女人结婚，那就对他说：“我们去领证吧！”

## 痴情不是执著，放弃才是智慧

在情感世界里，最大的痛苦莫过于爱上一个“你爱却不爱你的人”。你默默地喜欢他，关注他，挂念他，这种没有结果的单恋令人痛苦万分，最后你鼓起勇气向他表达你的爱意，却被他拒绝。可你还不愿意轻易放弃，继续喜欢他，一天又一天，一年又一年，认为自己的痴情只要坚持下去，就能感动他。可是最后你没能感动他，却把自己变成了大龄女青年，想再找男朋友就没那么容易了。

王可是张西暗恋多年的男人，可王可却从来没喜欢过她。他们在大学演出话剧时，曾演过一对恋人。可能是王可演得太像了，也可能是张西的感情太投入了，无论戏里还是戏外，她都爱上了王可。但是话剧毕竟是表演，不是现实。一旦表演结束，王可又变成了原来的状态，仅把张西当成一般的同学看待。

可是张西做不到，她总是回味在角色里出不来，特别希望那是真的。剧中他的眼神，他的激情，他的甜言蜜语都是那般令她沉醉。在以后的日子里，她开始关注他的一举一动，有他参加的晚会她一定会去，跟他交往的女孩，她一定要判断是不是他的女朋友，还会故意在自习室和上公开课时与他坐在一起。

尽管张西在王可面前出现的频率很高，王可却依然对她不来电，并且在不久之后开始追求一位播音室的美女。她一度想放弃，尝试去喜欢别的男生，但却做不到，她的世界里已经容不下别的男生存在。就这样过了好多年，王可身边的女友换了又换，女主角没一次轮到张西。快要毕业时，她终于鼓起勇气表白，怕不说这辈子都没机会了。王可婉拒了，说自己从来就没有喜欢过她，以后也不会，只想和她做好朋友。

毕业后，张西还是对王可念念不忘。多年来，她没有男朋友，不想谈恋爱。她到处打听他的消息，最盼望的是每年的同学聚会，那样她就可以看到他，还可以和他说说话。她一次次地告诉王可，自己还在等着他，希望做他的女朋友和妻子。可王可告诉她，自己和女朋友的感情很好，并已准备结婚，还劝她赶紧找个爱自己的人吧，说自己不适合她。

张西曾想这样痴情地爱一个人值吗？没有希望，也没有结果。她好痛苦！

很多人无法理解张西的行为，但不可否认，生活中确实有这样一批痴情的男男女女，特别是一些女孩，痴情会让她们失去常人的理智，变得偏执，有时还会走火入魔。曾在杂志上看过一个惨案，有一个女孩，跟男友分手后很不甘心，为了挽回爱情，她不停地纠缠男友，还骚扰他的现任女友。后来，她选择与男友同归于尽的方式，她说自己得不到的东西，也不会让给别人。她杀死了前男友，也葬送了自己。

其实，单恋是很正常的情感，人皆有之，无论男人还是女人，在生命中的各个阶段都曾暗恋过一个或多个异性，爱情也是从暗恋开始。不过，一个人的“恋”不是爱情，爱情是两个人情感的化学反应。若像故事中的张西一样，明明没什么结果，还不想放弃，苦苦坚持，或者死缠烂打，单恋就会变成痴情。

既然痴情带着一个“痴”字，就说明这种情感是非理性的，自已得不到快乐，自找苦吃，还会给对方带来烦恼。有个男孩长得很帅，成绩也好，班里有两个女孩同时暗恋着他。男孩根本不喜欢两人，可两个女孩却很执著，这令男孩很苦恼。这期间还发生两个女孩为他打架的事情，一个女孩叫了几个女孩，殴打了另一个女孩。事件后来被媒体曝光，男孩因此受到老师和同学们的批评，但他觉得自己很无辜，生活也被两个痴情的女孩搞得不得安宁，下半学期就转学了。

可以说，痴情是等待，是没有结果的煎熬。与其傻傻地坚守，不如早早放弃更为理性，这样做是对自己负责，更是对别人的尊重。喜欢一个人可以有短暂的单恋，但发现没有结果时，就别再坚持了。痴情不是一种可贵的精神，而是时间和精力的浪费。因为女人的青春是她一生中最宝贵的东西，若因为单恋执迷不悟，就会错过真正属于自己的爱情。

当你走出痴情的围城，揉揉疲惫的眼睛，再去看看周围的世界，可能有一个男孩已经喜欢你很久了，然而你之前却没有感觉到，现在再不珍惜的话，恐怕你就要背诵周星驰在《大话西游》里的经典台词了。

郭晗喜欢赵芊芊的时候，她正暗恋一个男人。对于郭晗的追求，赵芊芊无动于衷，不是郭晗条件不好，而是她根本就没想过要喜欢他，心里装的全是别人。但那个时候，她痴情单恋多年的男人马上就要成为别人的新郎，她知道自己到了该要放弃的时候。

有一天她翻看自己的邮件，看到郭晗曾经写给自己的信，里面有他的倾慕、关心和思念，她还看到，她的每篇博客和微博，郭晗都是第一个评论者和转发者，足见他多么关注自己的存在，她有些感动，心里暖暖的。她开始在脑子里回忆和郭晗交往的点点滴滴，她才意识到郭晗是那么的喜欢自己，而且他身上也有挺多优点的。她现在对他有了些感觉，于是她准备开始自己新的恋情。

而郭晗不是一个痴情的人，他以为赵芊芊看不上自己正准备放弃，恰在那时，赵芊芊对他的态度热情了很多，他看到了希望，再次追求赵芊芊。这次她答应了跟郭晗交往，她找到了爱情，内心不再寂寞和孤独。当他们成为夫妻时，赵芊芊一度感叹，如果当初再晚一些时间醒悟，或许她就错过了一段美好的姻缘。

# 第八章

# 缘分不要总等着，主动『把男』

在过去，“追”仿佛都是男人才干的事情，女人习惯了等着男人来爱，等着他们来追，否则就一直剩着。但想要获得完美的爱情，总等着不是办法，如果你喜欢的人不追你，难道你就错过这段缘分吗？如果追你的男人都不怎么样，你就甘愿嫁给他们吗？恋爱不是一个人的事情，女人也该行动了。

如今社会进步了，男人可以“把妹”，女人也可以“把男”，没什么不好意思的，你身边肯定有很多女追男的案例。何况还有那么多优秀却不善于表达情感的羞涩男、木讷男、草食男，女人再不主动点，好男人就会被别人抢光了。

**微语录：**

海梦冰蓝：哈哈，女同胞们要接力呀，女追男的时代到来了。

@颜－深深：现场实况报道：南昌大学研究生公寓29栋楼下惊现女追男表白门，用蜡烛摆了个生日快乐。哈哈哈，很有趣呀。每个学期都有表白门。

海梦冰蓝：对对，爱情不能靠等着，无论男人还是女人。

@时尚杂志每日速报：#故事#在人人网上，一个女生用42张写满真心话的照片对一个男生进行表白，现在的女青年们真是勇气十足啊！感情果然不能守株待兔。

## 你曾经错过几次缘分

男追女被认为是一种恋爱“潜规则”，可如果遇到一个男人，你很喜欢他，想做他的女朋友，而这人却没有追你的迹象，这时你会怎么办呢？可能大部分女孩都曾遇到过小郑的经历，只是很多女孩把秘密留在心底罢了。

小郑喜欢一个男同事很久了，两人在同一个团队里，有时还一起出差，合作很默契。长久的相处，让小郑对他产生了感情，喜欢他的责任感、认真和出色的工作能力。可她不知道男同事对她有没有感觉，有没有感觉到自己喜欢他。

她期待着对方能追自己，可却看不出他有一点动向，小郑干着急。她想过跟他表白，但又不好意思，觉得无论表白或追求必须男人主动才行。一个女孩主动表达会不会让别人觉得自己很轻浮？或者主动表白了男人会摆出高高在上的姿态？

但是看着他身边总是围绕着几个漂亮的女孩，貌似还很暧昧，小郑又担心自己喜欢的男人被别人抢走了，那样她就会错过与他的缘分。她心里很苦恼，这些天一直在微博里询问大家的意见，看看是否应该主动一点。网友们众说纷纭，有的说不应该，必须男人主动，有的说可以，女人也可以追男人。面对大家的建议，她犹豫了。

受传统意识束缚，女性在表达爱意方面多是带有羞涩感的。一种是含而不露的，她不说恐怕这辈子除了她自己之外，谁都不知道她喜欢过谁。还有一种是犹抱琵琶半遮面的，大家都看得出来她喜欢谁，她也有意无意地做出种种暗示，可她不会主动揭开自己的面纱，把自己完全暴露出来。

可以说，大多数女性都有小郑一样的心理，她们认为恋爱这种事情，必须男人主动一些才行。她们总是等着男人来追，等着接受男人的求爱，等着男人制造出来爱的浪漫。如果男人不追，她们只好干等着，眼睁睁看着自己喜欢的人爱上别人，或者离自己而去。于是乎，有些女孩与爱情一次次地擦肩而过。

我们看这个“悲催的女孩”，她这十年错过的 N 次缘分：

小薇从小是个乖乖女，在家里很听妈妈的话，在外不跟陌生人说话。学校里，她也很听老师的话，努力学习做个三好学生，不谈恋爱，不逃课。不过，在中学时代，她喜欢过两个男孩，但没有一个男孩走进她的世界。第一个是坐在她前面的男生，阳光帅气，活泼开朗，是大家公认的“班草”。那时正是一个少女幻想爱情的年代，喜欢帅哥，喜欢看郭敬明的小说。她默默地喜欢着这个男孩，然而由于羞涩，她从来都不敢主动跟他说话。他们之间的交往只局限于借个橡皮，帮人传个纸条之类的。后来，这个男孩就转学了，再也没见过，为此她的心中有点小小的遗憾。

高中时，小薇做学习委员，性格变得开朗了些，也敢跟男生讲话和交往了。当时她的成绩在班里是前三名。第一名常常被班长占据着，班长长得不算特别帅气，但他高大，成绩好，还出版过小说。由于两人都是班干部，平日里接触比较多，小薇渐渐喜欢上了他，从班长的眼神里，她也能感觉得到，班长也喜欢她，可他们谁都没有主动表白。

日子过得很快，高考结束要填报志愿时，小薇听说班长报了山东青岛的一所学校，自己也偷偷地报了。而班长打听到小薇之前要报考省城济南的学校，他也改成了济南的一所大学。就这样，两个人阴差阳错、失之交臂。他们去了不同的城市，同学聚会再次见到班长时，他身边已经多了个女孩。

在大学里，除了上课、参加社团活动，很多人都忙着恋爱的事情。自习室、操场上、餐厅、水塘边，到处都可以觅到恋人的影子。她们宿舍有6个女孩，有5个都有男朋友了，整天看着她们幸福的模样，小薇很羡慕，也渴望恋爱了。但不知道为什么，没几个看上眼的男生来追自己，她就那样等着，等着，等了一年依然是个孤家寡人。她有自己喜欢的男生，可人家根本不来追她，她又不好意思表白。后来，总算有个还不错的男生追自己，两人谈了一段时间就分手了，因为小薇觉得该男生不怎么靠谱。他想跟她上床的热情，高于跟她好好谈恋爱的热情。

为了不让自己孤单寂寞，她加入了学生会，每天都是没完没了的社团活动，她的生活因此充实了很多。可时间长了，一个人也挺无聊的，特别是周末，人家都有男生约会，就她没有。对于一个女生来说，没有男朋友除了孤独，还是件很没面子的事情。

后来，有个男生进入了她的视线，他是一个社团的主席，两人经常在一起参加活动。她很欣赏这个男生，还听说他至今没有女朋友。这次她想主动出击，有好几次话到嘴边了，就是没敢说出来。正当她想豁出去表白时，另一个暗恋该男生很久的女孩提前表白了。自己想要摘取的果实却被别人抢去，小薇觉得很受伤。

至此，她在大学再也没谈过恋爱。参加工作后，有一些男人追求自己，但满意的没几个，她一直剩着。她也不想参加相亲活动，她看新闻说，某某婚恋网站成了男人寻找一夜情的场合，林子大了什么鸟都有。

这年高中同学聚会，她又一次见到了班长，班长目前单身，并且在去年来到她所在的城市，与朋友合伙创办化妆品团购网站。那次聚会后，两个人联系增多了，她希望当年的缘分能够延续，也看得出班长还喜欢着她。

然而，他们已经不是十几岁的孩子了，这个年纪恋爱会有很多现实的东西要考虑。班长的家境不错，可以说是“富二代”，如今还有自己的公司，他会看得上自己吗？即便他看得上，他的家人会看得上自己吗？自卑的心态让她犹豫不决。

在小薇犹豫的时候，班长那边正在经历创业的坎坷。当时团购网站纷纷倒闭，公司的资金链快断了，为了融资他不停奔波。他本想等自己的公司好转后再向小薇求爱，然而没多久，他的公司就倒闭了，并欠了很多钱。班长自觉无脸面对小薇，就悄悄地离开了这座城市。等小薇下定决心的时候，得到的却是他离开这座城市的消息。

后来，她还是通过相亲恋爱结婚了，至于是否幸福我们便不得而知了。

小薇的故事看上去很雷人，很悲催，但她所经历的一切绝非个案，很多女孩只是没有说出来而已。小薇因为不善于表达自己的情感，缺乏适当的主动，同时还很自卑、犹豫不决，导致她十年来与缘分一次次擦肩而过。

爱情不能总等着，在遇到你所喜欢的男人时，如果男人不够主动，自己可以多点勇气和主动，不给人生留下遗憾。关于这点，在下面的篇章将会详细道来，告诉女性如何“把男”，如果把男人变成自己的“猎物”。

## 不是所有男人都那么主动

静怡和赵阳是一个办公室的同事，近半年来，她发觉赵阳看自己的眼神怪怪的，常常偷偷瞄她几眼，而一旦被静怡发现，赵阳就慌张地把目光转向别处，可过一会儿他还会往自己这边瞅。她还经常收到赵阳一些莫名其妙的短信，是那种有点小文采却很酸很酸的文字（就像《围城》里的方鸿渐写给唐小姐的信一样含蓄），看不懂他想表达什么。

静怡的一个闺蜜就说，莫不是他喜欢你？他的所作所为不过是想引起你的注意罢了。静怡反问，如果喜欢我，干吗不直接向我表白，这人太莫名其妙了。那样的状态持续了半年，张阳始终没有表白，静怡也一直装糊涂，不回应他。后来，张阳辞职去了另一家公司，从此再也没见过。静怡曾想，如果他真的表白了，她可能会考虑接受他的求爱，可惜这一切最终没有发生，她心里多少有些小小的遗憾。

这个故事说明，不是只有女人才“含而不露”、“犹抱琵琶半遮面”，在被要求主动的男性那边，也有一些不善于表达感情的人，故事中的男同事就是个典型。在这个不需要打猎的现代社会，腼腆男、内向男多了，“草食男”、“宅男”也多了。这些男人可能很帅，很优秀，内心也极度渴望爱情，可他们却无法把自己的爱表达出来。他们不表白，有些女性即使能感受到他们的爱意，也无可奈何。

一方面，可能是性格上的原因，腼腆和内向的男人在异性面前放不开，什么东西都闷在心里压抑着。他们绝不是对爱情冷淡，有一些还是特闷骚型的，比谁都渴望爱情，可他们不敢表白，不敢在女性面前展现自己。

另一方面，他们还有一颗敏感的心，脸皮比较薄，会顾虑很多事情。比如他们天天在想女方是否也喜欢自己，有没有注意到自己，如果女方对她根本就没感觉，贸然表白会不会很没面子，周围人会不会笑自己。

在这种状态下，他们内心的情感是压抑的，想要发泄。比如，他们想让女方知道自己喜欢她，但同时又不敢太明显暴露自己的目标，就像开头那位男同事一样，给静怡发莫名其妙的短信，但又不直接挑明。

同事小陈便属于这类男人。他中学生时是个很腼腆的男生，不敢跟女生讲话，交往更是不敢。在高二时他喜欢上同年级的一位女生，名叫刘曼，在他们教室楼上，同时是他一个好哥们小董的同学。

每次去食堂吃饭，他都远远跟在她后面，回来的时候他会偷偷看几眼在楼前说笑的女孩。可是，他不敢告诉对方自己喜欢她，好几次她近在咫尺，比如路上他跟哥们小董遇到刘曼，他们两人会说笑，小陈却在一旁默默跟着。

小陈又想引起刘曼的注意，当自己出现在她视线里的时候，他会像个文艺青年一般，摆出一副很深沉的样子从她身边走过，时而抬头望天，时而低头若有所思。当他在跟哥们说话，她又在旁边时，他的表现欲会很强，说一些貌似很有哲理的东西。他不知道女孩是否注意到自己的存在，是否也喜欢自己。想表白不敢，想写情书也不敢，后来他干了一件在他看来“惊天动地”的大事。

他用一周的时间给刘曼写了一封长达五页的信，信里面没有任何表白的话语，讲了很多漫无边际的事情，但文笔斐然，很有郭敬明的风格，小女生看了都会心动，不是情书却胜似情书（他曾帮人写过类似的情书）。

信写好了，他没有署自己的名字，而是留下自己的一个邮箱，然后写上刘曼的地址通过邮局匿名寄出。他不知道她有没有收到，看到后又会有什么反应，能够猜到是自己吗？他次次打开邮箱，每次都空空的，快毕业的时候，他听哥们小董说，刘曼网恋了，还是个文学青年，可那个人不是自己。这便是小陈的“爱情”，没有开始，也没有结局。

除了性格方面，一些男人在感情上反应迟钝、忙于事业无暇顾及感情、缺乏恋爱技巧等，也是他们不够主动的原因。比如一些程序员、科研人员、设计师等工科生，他们的智商可能很高，情商却一般。别看他们在工作上牛气冲天，到了女孩子面前就不行了，缺乏追女孩的技巧，也不够浪漫。

生活中总有小陈一类不太主动的男人，让人无可奈何，女人若是一直等着他们表白，可能等得花儿都谢了，他还没张开口。如果这个男人条件不错，有才又聪明，嫁给他很有安全感的话，错过岂不是太可惜了？其实，当男人不够主动时，女人可以多做些努力，帮助他们大胆说出自己的爱。

在此给广大女性以下几点建议：

1. 通过暗示告诉男人你也喜欢他。

这类男人不属于进攻性的，对于进攻性的男性而言，无论女孩起初是否喜欢他，他都会锲而不舍地表现自己，直到把女孩追到手。而这类男人与进攻性男人不同，他们内心敏感，脸皮薄，不够自信，他们最关心的是女孩是否同样喜欢自己，没有十足的把握他们不敢行动，怕被拒绝，怕出洋相。如果你同样喜欢他，不如通过暗示的方法让他明白你也喜欢他，给他表白的信心。暗示的方法有很多种，如暗送秋波的眼神，对他的表扬和赞美，多跟他接触等。让他知道你不讨厌他，相反你很欣赏他，还乐于跟他交往。

2. 创造机会，给男人向你表白的勇气。

暗示只是第一步，对于不善表达感情的男人，让他们把爱说出来才是关键。若他不够主动的话，你可以创造机会让他表白，或者“逼”他表白出来。有个男孩很喜欢一个女孩，这一切都被女孩看在眼里，女孩对男孩的感觉也不错，可脸皮薄的男孩始终没表白。女孩性格开朗，有一天她就找到男孩问，你干吗老是看我，还偷偷跟我，你是不是喜欢我？她微笑着看着男孩。这下，男孩终于鼓足勇气表白了，压抑的情感一下子爆发出来。

3. 鼓励他多参加社交活动，改变他的生活方式。

向你表白以后，如果他依旧像个榆木疙瘩一样沉闷，不懂幽默，不会浪漫，也不会哄女孩子开心，那么跟他恋爱也挺没劲的。他们之所以这样，跟他们不善于交际有很大关系，你应该鼓励他多参加集体活动、多聚会、多交朋友，放开沉默的自己，大胆跟人交流，学会开玩笑。你还可以改变他的生活方式，鼓励他多点兴趣爱好，如唱歌、跳舞、溜冰、做游戏等。一旦他放开了自己，你会发现他跟其他男人其实没什么区别。

## “把男”时代，追男是一种时尚

男人把追女孩调侃成“把妹”，当他们喜欢一个女孩时，就会施展各种本领俘获女孩的芳心。还有一个美国人写过一本书叫《“把妹”达人》，传授他“把妹”的经验。既然男人可以“把妹”，并拿此炫耀，为何女人不可以“把男”？

“追”不是男人的权利，当你遇到自己喜欢的男人时，且不管他当时是否喜欢你，愿不愿接受你，你都可以大胆表达你的爱，或者施展本领把这个男人“拿下”。在这条追男的道路上，一些女孩充当“先烈”走在了最前面，比如下面这两位：

2010 年初，昆明信息报道了云南民族大学某女生用条幅示爱的壮举，该事件一度轰动全校。据报称，该校一名男生打开宿舍窗户，猛然发现对面的女生宿舍飘下来一幅巨长的喷绘，遮盖了好几层楼的窗户。该男生以为是学校的宣传标语，但定睛一看却笑了，原来是一个女生的求爱告白，只见上面有几个大字：“郭 ×：宝贝，我爱你，你最珍贵。雯雯”。

他连忙招呼宿舍里的男生看，有些人还拿出相机拍了下来。而此时，宿舍楼下更是炸开了锅，很多人停下来围观，纷纷猜测这个叫雯雯的女孩是谁，有人叫好，有人赞美女孩勇敢。不过，这个条幅仅仅挂了十多分钟，就被一个女生取走。但同学们的议论却火爆起来，有人通知记者，有人发照片、视频到微博。男生的这般壮举不怎么稀奇，但女生如此大胆的表白还是第一次见到。一个叫小黄的女生评价说："我觉得她相当 fashion！"

同年 4 月份，网络上一段"山大女生在男生宿舍楼下求爱"的视频引起热议，在视频中，女生站在男生宿舍楼下，用百支烛光围成"I LOVE YOU"的形状大胆向自己喜欢的男生示爱，旁边的同学为她喝彩叫好。山东的齐鲁晚报还对此做了报道。女孩告诉记者，自己喜欢的男生在该校上学，为了来一场轰轰烈烈的告白，她买了上百支蜡烛，在朋友们的帮助下，一支支点燃，花了足足一个多小时排成一个大大的心字。

当女孩做这一切时，楼上的男生还浑然不知。当听到楼下有人喊他的名字，他被楼下的一幕惊呆了。只见数百根蜡烛形成了"I LOVE YOU"的形状，一个女孩站在中央看着他。男生很感动马上奔下楼去，与女孩幸福地抱在一起（他们是一对恋人）。男生羡慕，女生也羡慕，都说这是一场浪漫、时髦的爱情告白。

可以看出，现在的女孩在爱情方面越来越勇敢了，同时也很时髦、前卫和时尚，绝对是"非主流"的爱情表达。讲这两个故事，并不是提倡你这么做，只是想鼓励女性应该敢于表达自己的感情，喜欢一个人就想办法追到他。

两个女孩的勇气是值得肯定的，但做法上过于高调了，在目前这个阶段不提倡广大女孩学习。这会给男人造成尴尬和困扰的。不接受吧，怕伤害了女生；接受吧，怕日后成为男生的笑柄。男人都爱面子，并不希望女人用这种方式表白。对女生自己而言，那么多的人围观你、议论你，也需要承受舆论的压力。

不过女性可以通过温婉、低调一些的方式去追求你喜欢的男人，顾及男人的面子，也保持女性的矜持。“男追女”与“女追男”尽管在本质上都是一样的，但在技巧上，女性应该有自己的特点，建议如下：

1. 你要经常出现在他的视线里。

人的感情一般是从视觉开始的，经常让男人看到你，他才有可能注意到你的存在，让他看到你的漂亮、可爱、才气、智慧等优点。然后试着接近他，走进他的生活，说不定男人会觉得你们很有缘分，慢慢地对你产生好感。有研究表明，当一个异性在你的视线里出现频率过高时，你要么很讨厌，要么就会对他很有感觉。

2. 制造你们之间的小小绯闻。

有时你对某个人本来没感觉，但周围人老是传你们的绯闻，怀疑你们在谈恋爱，还赞美你们是金童玉女。很多恋人，包括娱乐圈那些绯闻男女，都是因为老是被人扯到一块才产生爱情的。如果你们还没有绯闻，你完全可以自己制造出绯闻来。比如让信得过的朋友传播你们的小小绯闻，编造一些八卦和小道消息，增加你在他耳朵里出现的频率。

3. 通过暧昧的方式传递爱意。

生活里的爱情不完全是某一方追求另一方得到的，还有很大一部分是两个互生好感的男女，在长期的暧昧中，自然而然发生的爱情。暧昧介于爱情和友情之间，是一种不明朗却心知肚明的情感状态。他们可能不需要表白，不需要苦苦的追求，就能把彼此的心思看透，感受对方的爱意，说不定某一天在没任何征兆的情况下，两个就变成了恋人和夫妻。传递暧昧的方式有很多，如眼神、姿态、语言、动作等。当他接收到你的暧昧信号，并与你产生一种心灵上的默契，暧昧就产生了。但暧昧只能是短暂的状态，必须打破这种状态，暧昧才能蜕变成爱情。

4. 通过他人之口说出你的爱。

如果你没有勇气表白，也不愿意制造你们的绯闻，你可以通过别人来说出你的爱。比如让自己的闺蜜，或者让他身边的朋友传信，免得当面表白了彼此都尴尬。需要提醒的是，你选择的传信人要靠谱才行，如果你被拒绝，他们不会把这件事情到处传播，否则你会很没有面子。

5. 先吸引他再吊胃口，有张有弛。

如果有人追你，他特别积极主动，在他死缠烂打下，俘获了你的心。当你已经无可救药地爱上他，离不开他的时候，他倒又不那么积极了，故意躲你，还与你保持一定的距离。你便开始着急起来，步步紧逼，不肯放手，那时你已经完全被他征服了。这是男人的恋爱策略，男人可以这么做，女人也可以。追男生的时候可以积极些，当男人动心后，可以保持一定的距离和矜持，有张有弛，如此才能激励男人主动，把“女追男”变成“男追女”。

## 明明自己喜欢，却总介绍给闺蜜

女孩们都有这样的体会，明明自己喜欢某个男生，你们关系也很好，可你表面上却一副对他不感兴趣的样子，有时还以玩笑的方式介绍给自己的好友和闺蜜。当他们真的好了，你才会醒悟过来，这时想表白已经晚了。这样的故事在一些爱情小说、电影、电视剧里也经常遇到，并多以三角恋的形式出现。生活中也不乏其例。

刘乐乐跟张燕在同一个公司上班，是一对很要好的闺蜜，形影不离，什么事情都愿意告诉对方。不过，有一件事情刘乐乐没有告诉张燕，那就是她很喜欢公司设计部的一个同事刘一飞。刘乐乐和刘一飞是一起进公司的，还在同一个部门待过一段时间，两人关系有点暧昧，但刘乐乐羞涩，他内敛，谁都没有更进一步。

刘乐乐没有把这些事情告诉张燕，不过，她却喜欢在张燕面前说刘一飞如何如何好，甚至开玩笑说，我感觉你们两个挺合适的，要不然我给你们介绍认识下。刘乐乐当时没多想，只是感觉拿自己喜欢的人开涮很兴奋。出乎她意料的是，张燕在刘乐乐的影响下，渐渐地喜欢上了刘一飞，不等她介绍，张燕就独自行动了。

她必须承认，张燕比自己有几分姿色，聪明能干，并且漂亮开朗，很讨男孩子喜欢。一切好像都在计划中，她看着两人很快便坠入爱河，自己却无可奈何。那以后，刘乐乐与刘一飞的暧昧成了历史，他们只能做朋友，而恋爱后的张燕也冷落了她，把大部分时间都用在了刘一飞身上，连感激她的话都没有。

刘乐乐看着两人幸福的模样，她后悔莫及，伤心了好久。她把自己最心仪的男人让给自己的好朋友，这太像电视剧的情节了。她想如果自己早一步行动，如果不开那样的玩笑，或许成为刘一飞女朋友的就是自己，可说什么都已经来不及了。她只好祝福两人能够幸福，下次遇到喜欢的男人，她决定要向张燕学习。

男人一般情况下不会这么做的，只要是他自己喜欢的女人，就不会把机会留给自己的朋友，哪怕自己不敢追，他也不希望周围的人得到。女人则不同，就像刘乐乐一样，不敢对别人承认自己的感情，还故意掩饰自己，装出满不在乎的样子，并以玩笑的方式介绍身边的好友。到最后很可能没成就自己，却成全了别人。

一般发生这种事情后，闺蜜间往往会反目成仇，老死不相往来。但是，不要完全责怪你的好友是第三者插足，也别总怪她抢走了你的男人很不厚道，你同时也应该反省一下自己为何败给她。恋爱是自由的，你不去做的事情，对方就有权利去做去得到。女人在感情方面不够自信，缺乏勇气，是失败的一个重要原因。

所以，以后再遇到这种事情，就别伪装自己不在乎了，大胆告诉朋友你所喜欢的男人，然后把你的感情表达出来，让男人知道有一个女孩在喜欢他。

## 喜欢玩暧昧的男人最可怕

前面曾说，暧昧是传递爱意的信号，有暧昧的男女最容易产生爱情。不过，暧昧也是个很危险的东西，有时还可能是男人设下的陷阱，把握不好便会给自己带来苦恼和伤害。比如，有的男人跟你长期玩暧昧，不愿挑明关系，也不肯放手，他得到了红颜知己，你却耽误了自己宝贵的青春。

听听这个女孩的故事吧：

夏子诺（网名）是我的一个网友，我在大一时就认识他了。这么多年来，我在精神上一直视他是我男朋友，我很在乎他，别的男孩无法代替他在我心中的位置。但是我们之间不是恋人，也没有约定，只有说不清的暧昧。

记得在大一时，我学会了上网，还申请了自己的新浪博客，放上了一张自己的照片，并起了一个很好听的名字：夏子涵。有了博客后，我兴高采烈地把自己这么多年写的一些诗都放在了上面，可惜关注者寥寥，所有的点击都是自己贡献的，有一个评论我都会兴奋半天。我知道博客只是个人的网络日志，但还是希望能有人读读我的小诗。

大概一个月后，有个叫夏子诺的人浏览我的博客，看见他的网名我就感觉到一种熟悉的亲切感。几乎每篇文章都留下了他的足迹，他还写了一些评论。他的评论很深刻，文笔也不错。我很激动，他的每个评论我都进行了回复，还进入他的博客看了看，并给他的文章写评论。在此后的日子里，我们彼此访问对方的博客，评论也变成了聊天。

我觉得不能用这种方式聊天呀，博客里几乎都是我俩的评论和回复。于是，我鼓起勇气按照他资料里提供的QQ号加了他。没想到他一下子就猜出了我是谁。那天我们聊了很多，我告诉他自己是个大一的女生，喜欢写诗，是郭敬明的粉丝。他告诉我，他是一个北漂，今年23岁，是一家文化公司的编辑，喜欢韩寒的博客。我很羡慕和崇拜他，他阅历丰富，知道很多东西，还能发表自己的文章。虽然他老爱骂几句郭敬明，可我还是喜欢跟他聊天，并试着认识韩寒。

大一下学期，我告诉爸爸想买台电脑学习用，爸爸二话不说就给我买了，其实我是想上网方便些。有了电脑后，我每隔一段时间就会去博客看看他给我留言了没有，然后上线跟他聊几句。我渐渐发现，我是那么的在乎他。那时周围的女孩都忙着恋爱、约会，我却把时间都用来跟他聊天。我也感觉到他很在乎我，经常到我的相册里看一看。

在我们之间有一种奇怪的感觉，像恋人，但又不是恋人，因为谁都没表白过；像朋友和知己，但比朋友和知己多了些复杂的情感在里面。我们都很在意对方，但谁都不表露自己的心思，彼此心知肚明地交往着。可能这就是所谓的暧昧吧，那时我还小，总觉得能有一个人让自己的生活不再寂寞就知足了。我还开玩笑对他说，如果十年后，我们都还单身的话，就在一起。他嘿嘿笑，没有正面回答这个问题。

从大一到大二，从大二到大四，我都活在这样的生活里。我不知道他是否有女朋友，我没问过，他也很少谈及自己的感情。在大四那年，我终于忍不住了，就大胆地问他是否喜欢我。他说了很多莫名其妙的话，就是不直接回答。他说，我们不在一个城市里，任何的答案都是没有意义的。他还说，喜欢的结果一样，不喜欢的结果也一样。

我听不懂他的话，再次逼问。他回答说，每个男人与女人交往，为了友谊都是借口，都抱着心怀鬼胎的目的，他也一样。要么是恋人，要么是情人，朋友总有一天会变成陌生人。看看比你年长的就是了。所以，男女之间没有纯粹的友谊，只有不变的暧昧。

我能模糊理解他的意思，但我不甘心，就追问说：就一句话，喜欢还是不喜欢。他说自己从来不会对人主动说出喜欢这句话。但最后，在我的逼迫下，他才勉强打出几个喜欢。短暂的满足之后，却是失落。难道我们之间只能保持这种暧昧？

又过了几天，我对他说，既然我们现在都单身，你就做我男朋友吧。他沉默了半天才说，做你的兼职男友吧。他强调说，我们只能做不太纯粹的朋友，不能往结果方面想，否则痛苦。还说，我们不要频繁联系，别整得跟谈恋爱似的，偶尔聊聊就可以，你应该找个现实男朋友……他这些匪夷所思的逻辑太奇怪了。

那之后，他好像变得不再那么含蓄了。他曾说要来看我，我说好啊。他接着却说怕自己到时会成为流氓，所以就不去了。还有一次，我问你在干吗，他说自己在看苍井空的电影。他这是什么意思，是在暗示什么吗？想让我做一个不需要他负责，并且呼之即来挥之即去的情人？我开始思考他的动机。

我很想知道他是怎么看待我们之间的关系的，有没有真正地喜欢过我。如果喜欢，为何要跟我玩这么久暧昧，如果不喜欢，为何要做奇怪的“兼职男友”。而且，这几年都是我主动联系他，难道还想让我主动找他，然后投怀送抱，事后还不让他负责，不纠缠他，不打搅他的生活……他想得也太完美了吧。

我越想越觉得委屈，自己的青春都被他给耽误了，我伤不起呀。我决定不管他是否喜欢我，也不管他是不是坏人，这暧昧我都不想再跟他玩下去了。我删掉了所有的聊天记录，也删掉了他的博客链接和手机号码。那时我已经毕业，我准备投入到新的生活中去。

## 暧昧需要有个期限才行

在暧昧这场游戏中，还有比上篇主人公夏子涵更惨的女人。一些拿暧昧当幌子的男人，不仅欺骗女人的感情，还欺骗她的身体。他们用暧昧玩弄、霸占女孩的感情，跟她恋爱、同居，却不跟她光明正大地交往，不让她缠上自己。

有个30几岁的女士说，她离婚后一直单身，无依无靠的，孤独寂寞的她很渴望男人的关怀。在公司里，她跟一个上司的关系很暧昧。对方不是很有钱，却是一个很有魅力的男人。她很喜欢他。

男人在工作上很照顾她，经常陪她吃饭，陪她出去旅游，两人还多次发生关系。但这一切都是秘密进行的，男人不想让大家知道他们的交往，还劝告她不要投入太多的感情，互相不纠缠，保持现在的状态就好。她不知道自己是他的什么，想离开他，又不舍得，而继续交往下去可能最后自己什么都得不到。别人做个“二奶”还能在金钱上获得满足感，而自己不过是他经济实惠又不会带来麻烦的长期情人。

从两个故事中可以看出，男人喜欢跟女人玩暧昧，这是他们泡女人的一种手段。他们想得到女人的感情、身体，霸占她们的青春，却不想给女人一个明确的关系。他们的态度可以用五个词来概括：不主动、不拒绝、不用情、不负责、不放弃。

在男人们看来，找个跟自己暧昧的女人，会比老婆刺激有新鲜感；比“二奶”有感情还实惠，她不看重男人的金钱；比潜规则女下属安全踏实，她一般不会纠缠男人。说不定跟他暧昧的还不止一个女人。比起只有一个对象，男人更喜欢周旋在若干个女人之间，享受那种群花簇拥的快感。但是，这种暧昧的感情游戏女人是玩不起的，女人对待爱情的态度很认真，要恋爱就恋爱，要结婚就结婚，不能跟男人这样耗着。所以，要想对自己的感情负责，就得找一个靠谱的男人才行。下面是几点建议：

1. 暧昧不能没有期限。

前面曾讲，恋爱需要给男人一个期限，不能跟着他谈一辈子恋爱，同样的道理，暧昧也需要一个期限，不能跟男人一直暧昧下去，否则没损失的是男人，吃亏的永远是自己。对此，跟一个男人的暧昧时间不能太长，要尽快确定两人的关系，把一切都讲明白。如果男人始终没有什么表示，就早早结束这种状态。

2. 识别男人的良性暧昧与恶性暧昧。

有人说，暧昧有良性和恶性两种。良性的暧昧可以成为爱情的前奏，让彼此爱慕的男女走到一起。即便没有发展成爱情，他对你也没有任何的企图和想法，他十分尊重你，不会伤害你。可能是他喜欢你不敢表白，或者是他有了女朋友不能再喜欢别人了。还有一种暧昧是恶性的，它是痛苦的前奏。这种男人对你没有什么尊重，完全抱着一种玩玩的态度跟你交往，不想付出也不想负责。这种男人的特点上面已经详细介绍过了。在跟男人交往时，要区分这两种暧昧，前者可以接受，后者要学会拒绝。

3. 偷偷摸摸的爱情要不得。

玩暧昧的男人都喜欢偷偷摸摸进行，怕别人知道，怕被人关注，怕给自己惹来麻烦。这说明男人很心虚，心里有鬼，更不愿意正视你们之间的感情。爱就要光明正大，爱就要被人尊重，不能躲在角落里跟男人暧昧。

4. 谨慎选择做男人的红颜知己。

红颜知己，这是一个很暧昧的词，比朋友多一份亲密感，比情人少一份纠缠。男人遇到自己喜欢的女人，又不想跟她结婚时，就往往告诉女人说，做我的红颜知己吧，希望和你来一场柏拉图式的精神恋爱。可女人未必都那么超凡脱俗，男人也没有这么高尚伟大。等你越陷越深，某年某月的某一天，你就会发现红颜知己当不得。你耽误了自己的恋情，还可能会背上“小三”的骂名，被众人怀疑和指责。

## 热情不等于没有女性的矜持

女性可以在感情方面勇敢点、主动点，还可以大胆追求自己喜欢的男人。但这并不意味女性要放弃自己的矜持，不能无味地为男人付出自己的尊严、身体和脸面。若没了矜持，男人就不能好好地尊重你，还会让坏男人有可乘之机。

马晓晓是一个传统的女孩，她通过相亲认识了一个男士。他是一个网络公司的总监，幽默风趣，跟他在一起很开心。他有着丰富的业余生活，经常参加一些派对、聚会，酒吧、KTV也是他经常光顾的地方。马晓晓之前一直过着呆板的生活，这个男人的出现，让她找到了生活的激情和乐趣。

可是，通过一段时间的接触，马晓晓发现他还是很开放的男人。认识不到几天，他就想跟马晓晓搂搂抱抱的，她一直不愿意这样，说两人才刚认识，还需要培养感情，但那人还是经常趁她不注意拥抱她，还强吻她。

马晓晓觉得也许现在的男人都是这个样子吧，所以也没怎么对他产生反感，而是继续跟他交往。可这种态度，让他开始得寸进尺，想要得到她的身体。有一次他们从酒吧出来，在车上男人借着酒劲醉醺醺地亲吻她，然后就要脱她的衣服。她知道他想干什么，她有自己的底线，便拼命阻止他，可他的力气太大了。情急之下，她大喊说："请不要这样，否则我们就别交往了。"男人停止了动作，说了声对不起。

此后的几天，男人老实了些，不再有出格的举动。但没过多久，男人又卷土重来，寻找各种机会想要跟她发生关系。马晓晓还是选择了拒绝。男人似乎很不高兴，开始有意冷落她。这招果然有效，马晓晓有些着急。她那时已经决定要跟他好好交往。他除了这点不好外，其他方面马晓晓都感觉不错。

一连几天，男人都没联系马晓晓，试图用这种方式逼她妥协。她打电话问怎么不理她了，男人说跟她在一起很不好玩，她太保守了。她开始犹豫了，自己的观念真的很保守吗？该怎么办，自己是继续坚持原则，还是向他妥协？

实际上，马晓晓并不是一个十分保守的女孩，对于性，她有自己的态度和原则。她曾对闺蜜说，如果能遇到一个相爱的人，他很尊重自己，很珍惜自己，当两人感情到了一定的程度，发生关系她认为是水到渠成的事情，不会刻意在婚前坚守处女之身，何况自己也是一个生理正常的女人。

但是，目前他们才交往一个月而已，彼此还不怎么了解，感情更谈不上深了。如果就这样向他妥协了，不就显得自己太轻浮了吗？她觉得女人在恋爱的时候即便是主动，即便是对男人很热情，但保持一定的矜持还是很有必要的。所以，为了不错失这段缘分，马晓晓开始主动约他，还多了些热情，但她的原则和矜持依然不变，该拒绝时一点都不妥协。两人忽冷忽热地僵持了一段时间。

生活中，一些女人并没有把自己的矜持进行到底。在男人的“威逼利诱”下，或被男人灌输一些“开放”的观念后，她们就缴械投降了。又或者为了一个心爱的男人，她们过于主动和热情，以至于失去了应有的矜持和原则，甘愿献出自己的一切。但是你如此放弃矜持，是否就能赢得他们的欢心和尊重？

男人是很奇怪的动物，他跟你交往时希望你能开放点，好让自己尽快得手，不那么费劲费时间，可回过头来，等你成为他的老婆时他又抱怨你当初不够矜持，太随便了，还质问你平常跟别人是否也这样开放。

而且，男人对于容易得到手的女人往往不那么珍惜，付出的积极性、热情、责任感也不够多。这就好比，如果他能轻易从一棵树上摘下一个苹果，他会毫无顾忌地吃掉它，如果很难吃，扔掉他都不心疼，因为他得到苹果的方式太简单了，伸手便得。倘若他好不容易才得到了一个苹果，他便会很珍惜，不舍得吃，愿意慢慢地品尝它。男人对女人的态度也是如此。太容易让他得到了，他反而不怎么把你当回事。

有时，你越是保持一定的矜持，跟他讲点原则，不那么顺从他，男人越是对你感兴趣、爱护你、尊重你，并愿意为你投入真感情。特别是在男人选老婆的时候，他尤为看中矜持一点的女人。在他们看来，开放的女人是用来泡的，矜持的女人则是用来过日子的。马晓晓后来的故事便证明了这一点。

据说两个人僵持一段时间后，那个男人又忽然对马晓晓热情起来，不再抱怨她不够开放，相反特别欣赏她矜持的态度，说在她身上看到了很多美好的东西，她是一个值得去爱的女孩，最适合做老婆。这种突然的转变令马晓晓感到很奇怪。

面对她的疑惑，男人很坦白地告诉马晓晓，他过去找女朋友只是想恋爱，没想过要跟谁结婚。而她的出现，让他有了结婚的冲动，这次他不想再玩下去了，打算好好爱一场，然后跟她结婚，做个好男人，好丈夫。

马晓晓有些庆幸地想，幸好没向他轻易妥协，否则自己又将成为他众多女朋友中的一个，得不到他真正的感情，也不会有什么结局。听到他的坦白后，她有些感动，但她还没想好是否要嫁给他，两人还需要进一步交往，但自己的矜持一定会继续保持下去，直到自己爱上他，并愿意献出自己的那天。

其实，所谓矜持，并非一定要女人守身如玉，把自己包裹得严严实实才行。在这个时代，矜持更多的是代表着女人的一种修养，一种态度，一种原则，一种自爱，矜持既是对自己的尊重和保护，也是在告诫男人必须尊重你、理解你。如果男人接受不了你合理、适当的矜持，那就说明他没有准备好好去爱你。

女人因为矜持变得纯洁美丽，因为矜持多了些高贵优雅的气质，更因为矜持才能在恋爱中游刃有余、进退自如。所以，恋爱可以主动和热情，但不能丢了应有的矜持。

## 缘分不在闺房里，扩展自己的圈子

每年的11月11日俗称“光棍节”。过去，光棍从来都是男人的象征，到了近些年，单身女性越来越多，光棍不再是男人的专利。前面曾说有数据调查显示，男性的比例要远远高于女性，按这种比例来说，应该说大部分女人都是不愁嫁的，可为什么会有大批剩女呢？

其实，很多女人不是被男人剩下的，而是被自己剩下的。在过去，是不存在剩女问题的，随着社会发展，被剩下的女人才多了起来。第一个原因是现在女性的意识提高了，对爱情和婚姻的要求也高了，她们宁愿剩着，也不愿随便找个男人嫁掉。第二个原因是现在宅女多了，她们不爱交际，不爱出门，整天就是待在家里，这样下去怎么能交到男朋友？第三个原因是随着社会竞争的日益加剧，高度紧张的工作压力让她们无暇顾及自己的感情生活，而且她们的圈子太小了，接触不到更多的男性。

所以说，剩女们不要总说遇不到好男人，应该说是没有接触更多男人的机会，如果不用相亲的形式，男人怎么来追求你？有一个女孩今年二十七八岁，一直剩着。不是她不想交男朋友，而是一直都没有遇到。她毕业于中华女子学院，学校里没有多少男生，想恋爱都没人来追。毕业后，她去了一家化妆品公司上班，里面也清一色的女性。

她平常也不爱交际，生活圈子小，白天上班，下班回家跟闺蜜在一起，周末也和闺蜜在一起。她曾幻想在某个街头、某列火车上邂逅自己的爱情，但这样的奇迹很难发生，遇到的色狼倒有几个。她在网上有不少男性朋友，但基本上都没见过面。别人劝她多接触一些人，多参加一些活动，扩展自己的圈子，哪怕参加一些相亲大会也行。这样，才能有接触到更多男性的机会。在朋友们的鼓励下，她开始了这方面的尝试。

这个世界本来不应该有剩女的存在，大部分女人都是被自己剩下的。为了自己的爱情，为了不唱那首《寂寞的光棍》，就应该走出闺房，走出自己的小圈子，到更广阔的空间里去寻找自己的另一半。建议如下：

1. 宅女应走出闺房，多接触外面的世界。

有一个女孩是网络穿越写手，且经营着一家淘宝店。她在三年前就辞职在家，再也没出去工作过，靠写小说、开网店生存，收入还可以。只可惜，她的感情一直空着。她很宅很宅，天天就是待在家里，吃饭、睡觉、上网、写小说、收发快递，偶尔出去进网店的货源，或者出去采购日常用品。她的朋友少，而且全是女性，平常也没什么交际圈子。对这样的女孩，建议她们走出闺房，可以找一份工作，也可以经常出去走走，接触外面的世界，多认识一下网络之外的人。

2. 敢于跟男性交往，减少对女性圈子的依赖。

很多女孩喜欢跟同性在一起，一起租房，一起逛街，一起谈天说地。她们对同性的圈子过于依赖。如果一个人天天生活在同性的世界里，身边缺少男性的气息，会对她的性格、心理，甚至性取向产生影响。同时，她对异性的渴望不会那么强烈，有时还会冷落异性的追求。可人总要恋爱结婚的，闺蜜们也会寻找自己的爱人，没了她们你会特别孤独。所以，自己的朋友圈子不能都是女性，要敢于跟男性交往。多跟男人接触，你才会有爱情的冲动，才能有机会接触到令你动心的男人。

3. 学会与男人相处的技巧，别总是那么不好意思。

有些女孩子是比较腼腆的，缺少跟男性相处的经验，她们过去习惯了与女孩子的交往方式，在男性面前就无所适从了，越是害怕，越是不敢跟男性交往。有时有人追自己，都不知道该如何应对。有个女孩很腼腆，一直没谈过恋爱，参加工作后，她通过相亲认识了一个男士，两人见面后，彼此的印象都不错。可交往了不到一周，就不再继续联系。女孩害怕约会，一跟男的单独在一起她就紧张，不知这恋爱怎么谈，总是男的问一句，她答一句。男的觉得这女的挺没劲的，约了她几次，就不再联系她。其实，异性交往与同性交往大不相同，怎么说话，怎么交往，怎么把握分寸，注意什么，警惕什么，这些都需要技巧。而且，不要总是等着男人的热情和主动，适当的时候，你也可以热情一些，主动一些。

4. 多参加公司的集体活动。

平日里，同事之间虽然在同一个屋檐下工作，但大家各司其职，每天都有做不完的工作，真正的交往和了解并不多，除了经常接触的几个人，可能大部分是你熟悉他的存在，却不了解他的人。但是很多公司在周末或节假日经常会有一些集体活动，如公司晚会、外边聚餐、一起 K 歌，或者一起包团旅游等。这个时候，大家都放下工作，放下伪装，是你接触、认识、了解同事的最佳时机。

5. 认识圈子之外的人，以及朋友的朋友。

自己熟悉的同学、同事、朋友是有限的，但朋友可能有多个圈子。如果你自己的圈子里没有多少男人可以接触，你完全可以接触朋友的圈子，甚至朋友的朋友的圈子。通过这种关系网的辐射作用，你接触男人的范围就会扩大。有一个女孩，她的圈子里都是女生，于是她就经常跟朋友到她们的圈子里玩，她后来的男朋友就是朋友的一个中学同学。

6. 参加一些网络的线下活动。

宅女们经常待在家里，可能没什么朋友圈子，但你网上的朋友可能成百上千。除了小心翼翼见几个靠谱的网友外，你完全可以参加一些线下活动，如单身男女派对、聚会、驴友活动等，你完全可以把网络的圈子变成现实中的圈子，而且通过这种方式，你可以接触到更多的人，且是不同行业、不同条件的男人。

7. 不让一见钟情的缘分与自己擦肩而过。

人的一生中会有很多次邂逅，很多次“艳遇”。有时在地铁里、车站、回家的火车上、旅行的途中，一次短暂的聚会上，你总幻想着邂逅某个令自己心动的人，来一场一见钟情的、浪漫的恋爱，说不定他就是你生命中想要苦苦寻找的人。但真的遇到的时候，你又不敢面对，总是在犹豫和逃避中错过。小菲在一次旅途中邂逅一个男孩，他们很谈得来，让她有一种一见钟情的感觉。分别的时候，男孩还留下了手机号给她。回京后，她很想念那个男孩，但她始终没敢打那个电话，犹豫了几个月，当她下定决心要联系对方时，电话号码却弄丢了。很多缘分一闪而过，错过了便是永远，所以，当缘分来临的时候，如果你真的喜欢对方，就要想法抓住它。

# 第九章 女性要强，但不是和男人去战斗

在前面的章节中一直在强调女人要强，要强大自己的内心，敢对男人的潜规则、家庭暴力勇敢说不。但女人强大的目的并不是把男人踩在脚下，或者握着拳头跟男人去战斗。女人强大的目的是维护自己的权利和地位，不让男人小瞧你。

两个人在一起，无论谁太强势都不好，双方需要和谐相处。吵架的时候，不要总想争个输赢，通常吵架都是两败俱伤，没有真正的胜利者。也不要自己强大了，便拿出一副大女子主义的派头来，对男人指手画脚，或者让他做你的“家庭煮夫”。

**微语录：**

文武大臣：没有胜利者的战争。//@宝妈玖：吵架了，就没输赢之分了，两败俱伤。

@精彩语录:【情感处理技巧】如果有一天，当你跟爱的人发生争执，你就让他赢，他又能赢到什么？所谓的输，你又输掉了什么？这个赢跟输，只是文字上的输赢罢了，我们大部分的生命都浪费在语言的纠葛中。其实，争执在很多时候并没有任何输赢，却失去了很多本应珍惜的感情！

龙哥：打死我都不做“家庭煮夫”，好伤自尊呀！//@海梦冰蓝：男人毕竟是男人，都有点尊严和面子，“家庭煮夫”不过是女人一种美好的幻想。

@幸福1988：我有自己的公司，家里的房子是我买的，车子是我买的，我几乎是这个家的支柱。而老公的工作一般般，每月的收入不及我公司盈利的一个零头。他赚不赚这个钱，都不会影响我们家的生活质量。于是，看了《婚姻保卫战》后，我也很想让老公做个“家庭煮夫”。可老公不干，他说那不是他想要的生活，他是个男人，无论收入多少，他都不想靠女人养活。

## 女人要强，但不是把男人踩在脚下

很多女性过去受尽老公的气，所以她们需要强大自己，从而获得向男人叫板的资本。不过，当她们拥有这些资本后，有的人会陷入另一个极端，那就是以一个胜利者的姿态在男人面前耀武扬威，老公从此变成了受气者。她不把老公放在眼里，嘲笑他，冷落他，挖苦他，有时还用报复的心态折磨他。

十年前，她是一个小女人，工作一般，长相一般，通过朋友介绍认识了现在的老公。两人恋爱、结婚、生子，一切都顺理成章。看似完美的生活，却也有着说不出的苦恼。老公有很传统的家庭观念，或者说有点大男子主义。平常在家就是个甩手掌柜，自己在家什么都不干，整天下班回来就往沙发里一躺，跟个大爷似的，还老爱对她指手画脚的。他说做家务、做饭、照顾孩子是女人才该干的事情。

她无话可说，因为自己没有反抗老公的底气。老公在一家国有企业做工程师，每月的收入是她的好几倍，而且婆婆也很厉害，她过去是个领导，脾气不好。婆婆对她儿子很疼爱，对她却总拿着架子。夫妻间、婆媳间闹点小矛盾，受气的总是她。可以说，她就是个小女人，小媳妇，一点尊严都没有。

她暗暗发誓，自己一定要强大起来，不能受他们的欺负。她后来辞职打算开个服装店，可老公不支持她，于是她就跟父母借了几万块租了个门面，并用剩下的钱采购衣服。起初不太顺利，还受到老公的挖苦。但她从来没想过要放弃，连续换了几家店后，生意终于有了起色，并且越来越好。她心有憋着一股气，决心一定要证明给他们看。

十年后，老公还是那个老公，每月拿着不足五千元的薪水，不过，他的态度和善了很多，没了当年的锐气，家里的事情他也会尽量做一些。但老婆却不是那个老婆了，她富有了，生意做得风生水起，连开了几家店。而且，她的态度也有了很大的变化，不再是那个忍气吞声的小媳妇了，脾气大了，有时还对老公指手画脚。

她想以胜利者的姿态来“报复”老公，以发泄当年的委屈。看着老公那敢怒不敢言的表情，她会有一种满足感。可她不知道，老公过得十分的压抑，当老婆成功之后，他想放下姿态改善与老婆的关系，却没想到老婆会用这种方式对他。

老公当时为了夫妻的和睦，为了给孩子一个完整的家，表面上不说什么，但心中的不满和愤怒一直憋着，憋着，憋着。直到有一天，他再也受不了了，宁愿净身出户，也要跟老婆离婚。看着老公离自己而去，她幡然醒悟，她是一个胜利者，但同时又成了一个失败者。这样的胜利是她想要的吗?

这个故事很值得反思，其实，女人强硬的目的，并不是等有一天自己有实力了，强大了，有底气了，就把男人踩在脚下——让他尝尝厉害，或者报复他！正确做法应该是更好地与男人相处，促进婚姻的和谐，离开了这个目的，就算你成功了，你也会像故事中的女士一样成为一个胜利的失败者。你最后的成功没有征服男人，却吓跑了男人，同时还埋葬了婚姻。

在女人弱势的时候，需要男人的尊重。同样，当女人强大的时候，弱势男人也需要女人的尊重和理解。男人不同于女人，受传统文化的影响，他们的自尊心比女人要强烈很多，即便他不在乎，外界的偏见也会给他很大的压力。

比如说，他有一个很强悍的老婆，在家里没一点地位和威严，还经常受气，被挖苦嘲讽。男人受到的伤害，堪比女人遭遇家庭暴力。女人在遭受家庭暴力中多是身体和精神上的伤害，而男人则是受到尊严上的打击，这同样让人痛不欲生。

对此，女人在强大之后，要注意以下几个方面：

1. 学会尊重你的老公，防止他出轨。

人都是需要尊重的，何况是你最亲密的老公。你可以批评一个男人，但千万不要挖苦一个男人，伤害男人的尊严就是伤害你们的感情。

男人很看重自己的尊严，可能他表面上不会说，但心中会特别压抑，积累到一定程度就会爆发出来。同时，这样还会给男人制造出轨的机会。如果这个时候出现一个女人，很尊重他，很崇拜他，男人就会招架不住。这肯定不是你想看到的结果，所以，为了婚姻幸福，学会尊重男人是很重要的。

2. 不拿自己的成就压人，成功要低调。

对一对夫妻而言，无论你们谁赚的钱多，谁的社会名气高，谁为家庭做的贡献大，都不要太强调自己的地位，也不要拿自己的成功压人。有成绩需要低调，让男人看到你的实力即可，不要太显摆自己。

3. 别整天挖苦他，要变讽刺为激励。

一些女人强大之后，面对不如自己的男人，常常挖苦、嘲讽他们没本事没出息，这样很伤男人的自尊，即便你的刺激让他强大起来，可一旦他强大了，说不定马上会把你一脚踢开，因为他太恨你了。不如把挖苦和讽刺变成对男人的激励，帮助他强大自己，成就事业，他对你一定会充满感激之情。

4. 不如做个温柔美丽的女强人。

女人的成功不是像男人一样活着，女人太强悍了并不好，会让男人有距离感，不敢亲近你。任何时候女人都不能丢了自己的女人味，哪怕你是女强人，也要多点温柔和体贴。应该常对男人微笑，说话的气势别那么强，多说些夫妻间的情话。

## 夫妻间要有良性的竞争和比赛

一对夫妻如果两个人都比较好强，都不想落在对方后面，彼此互相竞争是在所难免的。他们会比谁的收入高，谁的事业进展快，谁懂的知识多，等等。竞争是人类进步的动力，同事间可以竞争，朋友间可以竞争，夫妻间也可以有竞争。竞争能增强彼此的能力，也能增加家庭财力，促进两人的共同进步。

但是，夫妻间的竞争必须是良性的、友好的、能够互相促进的才可以。如果竞争的目的只是抢夺家庭地位，或者以胜利的姿态压制对方，那就不好了。要想不破坏夫妻间的感情，在竞争中，首先要端正自己的态度和目的，其次不能把老公当敌人一样看待，把握好竞争的分寸，最后无论谁胜出，别太看重结果，重在享受这种“你追我赶，互相促进”的过程。

夫妻间可以从以下几个方面展开竞争和比赛。

1. 收入竞争比赛。

人赚钱的动力一部分来自生存的压力、危机感、对财富的欲望，另一部分来自尊严和面子。在夫妻间，一方面，收入的多少直接影响了家庭生活的质量，生活压力逼得夫妻都得为生存而战。另一方面，如果你收入高了，老公就会有危机感，从这点上讲，女性在家庭中收入略高于男性，有利于刺激男人赚钱的欲望。

有位老公在单位里拿着 5000 元的月薪就骄傲自满，喜欢在家里炫耀。老婆很不服气，为了追赶丈夫，她在网上找了兼职做，结果有时收入会超过老公。这下老公开始坐立不安了，有了危机感，为了赶上老婆，他不再满足于现状，开始向更高的目标迈进。

2. 事业竞争比赛。

收入可以带给男人压力和危机感，同样的道理，女人的事业也可以给男人以压力。如果老婆在事业上不断进取，就无形中给了男人压力，他不想落在她的后面，于是两个人你追我赶，在事业上展开竞争和比赛。

有一对小夫妻在同一家公司上班，起初两人都是小职员，但妻子好强，不甘愿做个小职员，后来凭借出色的能力，进了人事部门负责管理工作。丈夫见老婆这么能干，压力很大，同时也怕在朋友面前抬不起头，于是他也不断提升自己。几年后，丈夫成为公司最年轻的主管，远远超过了妻子。虽然被丈夫超越，可妻子心里很高兴。

3. 知识、技能竞争比赛。

过去，有个铁饭碗，就可以吃一辈子，但现在没那么容易了。如今竞争压力很大，各种知识、技能层出不穷，令人应接不暇，如果你总是原地踏步的话，就难以跟上这个时代。所以，人必须经常充电、补充知识和能量才行。夫妻两个人，平常也可以在这方面开展竞争和比赛，看谁懂的知识多，看谁掌握的技能厉害。

有一对70后夫妻，过去没学过电脑，单位破产后出去找工作屡屡碰壁，现在大部分工作都要求会电脑，还要懂得一些软件的应用。老公报了电脑学校，之后顺利找了份工作。妻子不甘落后，除了学电脑，她还学了英语，后来到了一家外企做销售工作。老公继续追赶，报了管理课程，准备下一步竞聘公司的领导职务。

4. 健康竞争比赛。

健康是革命的本钱，有了好身体才能更好地工作。除了饮食方面的健康，平常要多锻炼身体，吃得再健康，不活动也会出问题。有条件的家庭可以买一些健身器材，或者到健身中心去锻炼。如果经济不宽裕，平日里少睡会懒觉，多跑跑步也可以。

有一对夫妻，很热爱运动，他们坚持锻炼身体十几年没有间断过，彼此互相监督，比赛谁能坚持得久，比赛谁的身体生病少。他们这样既锻炼了身体，同时也在这个过程中获得了很多乐趣，成了他们的娱乐方式。

5. 厨艺竞争比赛。

男人一般都不太喜欢做饭，但一个聪明的女人会让男人爱上做饭。懒惰是男人的天性，你越是惯着男人，他越懒得分担家务劳动，而有时你让男人分担一下家务，让他感受一下做家务的快乐，慢慢的，他就会养成做家务的习惯。做饭也是如此，一般来讲，男人在厨艺这方面的潜力高于女性，如果你能让男人找到做饭的快乐，并跟他比拼各自的厨艺，男人做饭的热情就会被激发。

琳琳的老公厨艺不错，可他平日懒得做饭。为此，琳琳每做一道好菜时就对老公说："这么好吃的菜你做不出来吧？"如果老公说不好吃，琳琳便笑着说："别光说不练，你做出一道好菜来让我尝尝！"老公不服气，下次就会亲自下厨证明自己的实力。于是，在这样互相比拼厨艺的过程中老公渐渐爱上了做饭这件事情。

6. 省钱竞争比赛。

两个人在一起过日子，比花钱，不如比谁会省钱。很多夫妻日子过得并不富裕，要还房贷，要交各种费用，要供养孩子上学，还要赡养老人。一旦结了婚，感觉就没轻松的时候，这时就应该学会省钱过日子。省钱未必是不舍得花钱，而是做到花最少的钱去做最实惠的事情，把钱都用在刀刃上。两个人比省钱，可以节省很多家庭开支，养成好的消费习惯，并积累大量省钱的妙招。

## 全职太太和家庭煮夫是两个极端

这个时代，不再是单属于男人的战场，有越来越多的女性强人出现在我们面前，比如女领导、女老板等，她们事业成功，社会地位高，收入也高。但她们的老公可能成绩平平，远远达不到老婆的那个高度。这些女人在外边打拼，每天都忙得不可开交，没时间做家务，没时间照顾孩子，于是就希望男人辞掉工作去做这些事情。

在赵宝刚导演的《婚姻保卫战》中，就生动地展现了这一类男人，他们还有一个很好听的名字——"家庭煮夫"。根据赵宝刚的解释，"家庭煮夫"一般指在家做家务（包括煮饭、洗衣、带孩子、照顾老人）的男人。其中，由黄磊扮演的许小宁就是一个典型代表。他的老婆是个女强人，开了一家皮具公司，很能干，也很泼辣。许小宁则是一个没工作，没收入，全靠老婆养活的男人。他脾气好，全心全意照顾老婆的生活。做饭，洗衣服，买菜，接送孩子上下学，晚上给老婆按摩，给孩子讲故事，还成立所谓的“妇男组织”。

节目播出后，在家精心伺候老婆月子的许小宁，成为很多女性朋友的最爱。很多女士都说有这样一个老公该多幸福啊，并抱怨自己的老公跟徐小宁差远了。有的没结婚的女孩也说，嫁人就嫁许小宁，灰太狼都看不上了。就这样，“家庭煮夫”成为一个社会热议的话题。

网友嘻嘻 jing：这两天看疯了《婚姻保卫战》，现在一回家就想耍嘴皮子，过瘾，什么时候我也有个伺候我的“家庭煮夫”就更过瘾了。

新浪微博 sarahwhj：表扬我们家的 @ 土豆 – 白菜，成功晋升为家庭煮夫，尽职尽责，无怨无悔地坚持了一周时间了。希望继续努力哈。

网友 sola 和 hola：孤闷的夜晚，打包一份麦叔叔家的套餐就去我那可爱妹妹的公司寻找慰藉了。俩人边啃汉堡边被《婚姻保卫战》中三对夫妻逗得花枝乱颤……好吧！如果现实中有小宁这样的家庭煮夫出售，老娘一定拍了！

网友 kiki 同学：嫁人就嫁许小宁！！！我爱家庭煮夫！！！姐要照这标准找个男朋友，找不到就单身，绝不做伺候男人的家庭主妇。

新浪微博华珊巇：我发现我很有当家庭煮妇的天分，但是我还是想嫁个家庭煮夫，因为我懒，不想洗衣做饭，交给男人做多好呀！

可以说，每个女人都希望男人能像许小宁一样好。不过，这又不太实际。如果“裸婚”是男人的美好期待，那么，“家庭煮夫”则是女人的美好期待，两者都是从自身利益考虑的一种奢望。真正愿意“裸婚”的女人并不多，同样，甘愿做一个看老婆脸色当“家庭煮夫”的男人也没多少个。很多男人还达不到许小宁那个境界，至少目前是这样的。当然，甘愿被女人养着的小白脸、小帅哥、“二爷”、“二哥”除外，好吃懒做的男人也除外。

对于很多普通女人来说，她们只是嘴上希望有一个“家庭煮夫”，如果家里真有一位专职的“家庭煮夫”，她们却未必能接受。她们不是腰缠万贯的女强人，生活的负担太大了，没有谁愿意让自己的老公只做些洗衣做饭的事情。男人在外打拼干事业女人才有安全感，没有谁想一个人独自扛下养家的重担。

新浪微博亚芬：一直以为“家庭煮夫”只有在电视上才有，最近却发现我们小区就有一个，而且是长相身材挺 man 的那种。他天天接送孩子、买菜什么的，我不知道别人怎么看他，一个大男人做“家庭煮夫”也是需要勇气的！

是啊，男人做“家庭煮夫”，没有女人做“家庭主妇”来得名正言顺。社会给予男人太多的责任和期望。当一个男人真的做了“家庭煮夫”，社会的偏见、朋友的嘲讽、老婆的脸色便随之而来。有了孩子后，他们会如何看爸爸，父亲的角色如何定位？而且，男人做“煮夫”后，他的雄性激素会慢慢下降，无论是性格还是声音，都越来越没有男人的味道。变成男人婆的老公你喜欢吗？

有位女士是一家上市公司的职业经理人，年薪百万，事业很成功。她希望老公能辞掉工作，把精力全部放在家庭上。起初丈夫觉得不用再上班挺好的，可干了一段时间就想出来找工作了。因为自从自己做了“家庭煮夫”，没有一天开心过。在外边邻居对他冷嘲热讽的，连朋友都嘲笑他是“妇男”。在家里还要看老婆的脸色，关键是花钱不自由，必须像许小宁一样存点私房钱才行。他觉得男人没有工作不行，否则难以在外人和老婆面前立足，哪怕赚得少点，也比女人养着强多了。

在《婚姻保卫战》中，佟大为的角色就是很好的说明。佟大为饰演的郭洋是一个室内装饰设计师，做得很出色，却因一次意外被迫辞职，不得不待在家里做个“家庭煮夫”。马伊琍饰演他的老婆李梅，原本是个典型的传统妻子，温柔贤惠，后来在闺蜜的劝说下，她辞掉工作加入了马艳丽开的房地产公司，越来越有女强人的派头。

过去郭洋是家庭的支柱，现在换成了老婆养家，别人并没有嘲笑他，可他自己接受不了，所以很抗拒做个“家庭煮夫”，他没有许小宁那个境界，让他一个充满理想的男人做些洗衣做饭的事情，比杀了他都难受。为了找回自己的尊严，他背着老婆在外边兼职，最后偷偷创业。

《婚姻保卫战》的结局也表明男人做“家庭煮夫”是做不久的。兰心的皮具公司化为灰烬后，她除了男人一无所有，老公再次成了她的依靠；许小宁的煮夫生涯也终结了；郭洋和老常的煮夫生涯更是短暂，他们又重新回到了属于自己的事业中。

可以说，无论是“家庭主妇”，还是“家庭煮夫”，都是婚姻关系中的两个极端，女人需要事业，男人更需要事业，女人不做男人的高级保姆，男人不能沦为“家庭妇男”。所以，无论女人有多么成功，多么忙碌，无论男人的收入有多少，都不能剥夺男人工作的权利，给他工作就是给他尊严和面子。当然，让他们多分担一些家务是理所当然的。若是家务之类的事情没人做，完全可以找小时工来完成。

## 赢了又能怎样？吵架没有真正的胜利者

在学校里，男生间发生矛盾最爱打架，赤膊上阵，你一拳我一脚的，一定要分出个胜负才行，谁都不肯甘拜下风。女生间发生矛盾爱骂架，你一言我一语的，叽叽喳喳，不把对方说得哑口无言不肯罢休。我们太习惯做一个胜利者了，享受那种战胜别人的快感，从不认为自己是错的。在夫妻吵架过程中也是如此。

两个人生活在一起，因为意见不合难免会发生争吵，如果偶尔拌拌嘴也没什么，可偏偏一些夫妻吵起来就没完没了，经常把家里弄得鸡飞狗跳，整日不得安宁。男人爱面子，不会轻易认错，女人也不甘示弱，得理不饶人。

在吵架的时候，双方都认为自己是对的一方，做的事情理所当然，而对方是错误的，做的事情不对。为此，他们一方面想尽办法证明自己的正确性，找理由，找借口，为自己开脱辩解；另一方面否定对方，找对方的瑕疵，揭对方的伤疤等。哪怕不占理，都要在声音和气势上压倒对方，反正是要自己赢了才行。

有时候，男人比较好脾气，抱着好男不跟女斗的态度，不跟妻子争吵。或者说，男人是个“妻管严”，在气场上输给妻子，根本就吵不过妻子，每次都是忍着。可即便你胜利了，能得到什么呢，能有效解决问题吗？有时只会激化男人的暴力行为。

男人天生不是吵架的能手，当他们吵不过女人，或者长期遭受妻子的语言暴力，忍无可忍时，男人就喜欢用拳头解决问题，暴力是他的一种表达方式。美国有人对已婚女士做了一项调查研究，他们发现大部分遭受家庭暴力的女性，在每次吵架时都喜欢做个胜利者。丈夫往往吵不过她们，只好用拳头来反击了。女人在语言上战胜了男人，却遭到了男人的暴力反击。这样的案例在中国也很普遍。

比如，有一对年轻小夫妻，本来感情挺好的，有着两年的爱情史，郎才女貌。但结婚之后，才发现爱情和婚姻完全是两码事，婚姻里有太多琐碎的事情需要面对。生活习惯的差异，家务的分配，处理事情方式的不同，使得他们经常吵个不停。彼此都觉得自己做法是正确的，试图说服对方，或者改变对方。可他们吵来吵去，谁都没说服谁，谁也没改变谁，倒是婚姻生活被弄得一团糟。

后来，丈夫就懒得跟妻子吵了，一旦吵架他就不说话，或者躲到一边去。可妻子非要找着他吵架，不依不饶的，非得分出个胜负才行。丈夫忍无可忍的时候就用拳头反击。妻子说丈夫家庭暴力，丈夫却说妻子语言暴力。但不管怎么样，两人的感情因为吵架变得不再和谐，家庭因为吵架变得乌烟瘴气，两人连离婚的念头都有了。

吵架没有真正的胜利者，夫妻之间不是对手，也不是敌人，而是生活在一个屋檐下的一家人，以后还有漫长的路要走。无论吵架谁最后赢了，谁说服了谁，最后都是两败俱伤，没有真正的赢家。

首先，即使你赢了，男人也无法从心底认同你，只会增加他的恼火和怨恨，使得你们的矛盾越来越深，本来是一些鸡毛蒜皮的事情，整天吵下去就变成了大矛盾。其次，没原则的吵架很伤害夫妻间的感情，两个人积累一份深厚的感情不容易，且过程是漫长的，而吵架对感情的破坏却是很快的，像癌细胞一样感染你的情绪。有的夫妻恋爱七八年，结婚吵了一年就分手了。可见，不能有效处理夫妻间的吵架问题，势必会给婚姻埋下隐患。

其实，并非所有的吵架都具有破坏性。夫妻间在一起发生点矛盾，吵几句、拌拌嘴都是正常的，完全可以修复，可以说婚姻有了小吵小闹才变得丰富多彩，有的男人就喜欢老婆跟自己闹一闹。而那些一辈子都没红过脸，没吵过架的模范夫妻，你会质疑他们是否真的幸福，是否过得太乏味。

只是吵架要有度，必须把握好分寸。那些没事找事，爱唠叨，敏感多疑，遇到点小事就歇斯底里的争吵不可取。吵架可以是小情绪的发泄，但不应该是沟通和交流的方式，用这种方法基本上达不到说服对方的效果，就像有个老板天天骂你笨，却不教你怎么做，你表面害怕他，心里却很讨厌他。

对此，女人可以从以下这些方面处理夫妻间的吵架问题。处理好了，把握好了，或许吵架会成为幸福生活的调味剂。

1. 别把胜负看得那么重要，冷静下来解决问题。

既然吵架没有真正的赢家，就别把胜负看得太重要。发泄一下自己的情绪，让男人看到你很不爽就可以了。要想真正解决问题，光吵架是不行的，必须冷静下来沟通协商。比如谁该做家务，可能你们吵到最后家务还是没人做。不如想办法跟男人商量如何分配家务，拿出一套具体的方案来。

2. 学会给男人一个台阶下，也给自己一个台阶下。

两口子吵架不能没完没了，必须想法收场才不至于伤害感情。可人一旦吵起来都不想主动认错，就像两个男人打架，可能他们心里并不想打，但为了面子和尊严还得打，这个时候，如果有人帮忙拉架，就能给双方一个台阶下。夫妻吵架在没有外人劝架时，聪明的女人会主动给男人找个台阶下，或者给自己找个体面的理由收场。比如，两个人吵架的时候，儿子经过，你就对丈夫说，看在儿子的份上，就不跟你吵了。这样，两个人都有面子收场。

3. 学会体谅、理解，别总觉得自己是对的。

两口子吵架，问题不光在一个人的身上，双方多少都有点责任。所以，不要总觉得自己是对的，别人就是错的。应该设身处地为别人想想，学会体谅，学会理解。有时吵架是因为误解和了解不够造成的。

有一对夫妻过去感情很好，丈夫一下班就陪着妻子逛街、看电视、聊天。可最近丈夫陪她的时间越来越少，有时很晚才回家。妻子很不适应这种生活，怀疑丈夫有外遇，天天跟丈夫吵架。实际上是丈夫当了主管后，工作忙碌才造成这样的。他的工作压力大，也想发泄，于是两个人就互不相让吵个不停。当妻子了解到丈夫不陪她的真正原因时，开始体谅他，不再跟他闹了。同时，丈夫也意识到这段时间忽略了妻子，便尽量多花点时间在家庭生活上。

4. 吵架要文明，说话不带脏字。

两口子吵架，扯着嗓子嚷几句，抱怨几句，批评几句，偶尔摔个不值钱的东西都可以理解，不过若用脏话骂对方，就容易伤害感情。想想看，连自己最亲近的人都敢骂，还拿什么尊重你们的感情。聪明的夫妻吵架不打也不骂，他们会用文明的方式发泄自己的不满，很有分寸，懂得在吵架中尊重对方。

5. 不要揭对方的伤疤，不纠缠过去的事情。

在攻击对手时，我们总爱揭对方的伤疤，说他一些不光彩的事情。总是哪壶不开提哪壶，目的就是给对方难堪。夫妻吵架时也有这种情况，喜欢翻旧账，拿陈芝麻烂谷子说事儿，揪着对方的缺点不放。夫妻吵架不是政治斗争，每个人都有自己的过去，每个人都曾经犯过错误。对于过去的事情不要老纠缠它，夫妻应该就事论事，给对方留点面子。

6. 不贬低对方，学会尊重男人。

夫妻争吵时有时会用一些伤人尊严的话语贬低对方。比如："你这个没出息的男人，不如跳楼得了！""你是一个泼妇，简直没见过你这样丑的女人！"这些贬低对方的话，容易刺伤对方的自尊，为了维护自己的尊严，对方甚至会大打出手。因此，在吵架时要避免伤害对方的尊严，学会尊重。

7. 打破冷战的状态，别僵持下去。

有的夫妻吵完架就跟仇人似的，谁都不理谁，谁都不想主动认错，两个人就这样僵持着，短的几天，长的需要几个月。这种状态被称为"夫妻冷战"。"夫妻冷战"是一种消极的心理对抗，只会拖延问题的解决，而且"冷战"比吵架的杀伤力更大。所以，夫妻间不要有隔夜仇，最好第二天就忘掉。如果真的冷战了，也别一直僵持下去，要学会打破这种状态。

## 强了也别忽视情感投入，小心男人出轨

很多女性在自己强大之后，便忽视了对男人的感情投入。她们可能每天忙于自己的事业，有各种各样的应酬，还经常出差。她们在事业上很用心，但花在家庭和男人身上的时间越来越少，夫妻感情淡漠，对男人的情感需求也无动于衷。

有一个妻子是一家外企的主管，平常工作很忙，忽视了对男人的关心。老公想跟她说说情话，她都爱理不理的；想跟她温存温存，她也说自己很累，没"性趣"。时间长了，老公也懒得跟她说情话了，连性生活都靠自慰解决。

长期下去，老公觉得老婆越来越没有女人味，内心失落且不满，无论身体还是精神都得不到满足。可是，他又有这方面的需求和渴望，

这个时候如果遇到一个很关心他、崇拜他，并对他温柔的女人，男人就很容易出轨。

如果有一天你发现：老公衣服上弥漫着淡淡的香水味；毛衣里常出现长长的头发；出差回来时，他的行李箱里藏着一个女人的物品；他的手机里频繁出现一个号码，而且老公接电话时总是躲着你，甚至支支吾吾说一些莫名其妙的话……

遇到这种情况，女人的直觉会告诉自己——第三者来了。这个未曾谋面的女人要和自己抢丈夫，甚至掠夺家产。第三者的出现给女人带来了危机。可是，对于男人的出轨，女人自己有时也应该负点责任，要反思是不是自己对男人的感情投入不够。

杨倩是一家公司的产品经理，结婚多年，老公是个电脑工程师，有一个三岁的孩子，她自己买了房，也买了车。可以说，她的人生很完美，也很成功。能有今天的成绩，完全是她通过不懈的努力换来的。

可是，这段时间来她发现老公总是鬼鬼祟祟的，以前他都是待在家里很少出去的，现在经常见不到他的踪影，她问缘由，老公就说跟几个哥们一起玩。可老公有什么样的朋友她十分了解，她感觉老公明显说了谎。

老公的心情也好了很多。前段时间他还整天闷闷不乐的，抱怨自己对他不够温柔，现在没事就哼着小曲在屋子里溜达，做饭的积极性也高了。而且，她还发现老公经常背着她打电话、发短信，她翻看他的手机记录，却被老公删除得一干二净。

女人的直觉告诉她，老公可能有外遇了。为此，她偷偷找了私家侦探对老公进行调查。果不其然，这段老公跟一个单身女同事经常下班后在一起，公司里也到处传他们的绯闻。不过，他们只是经常在一起吃饭聊天，并没有什么太出轨的行为。但这样的行为已经无法让她忍受了，自己这么努力拼事业，老公却在外边跟别的女人“鬼混”！

她回到家就逼问老公最近是不是常跟一个女同事在一起。老公很坦白地告诉了她一切，说自己很喜欢跟她在一起，不过，他并没有做出轨的事情，两个人只是经常吃吃饭、聊聊天什么的。但两人为此吵了一架。

丈夫不满地说，你总是忙于自己的工作，忽视了对家庭、对我的关心。每次想和你讲讲我新学的段子，你却心不在焉，笑都不笑，脑子想的全是别的事情；想和你出去散散步，你却觉得没意思；想跟你亲热一番，你却像个木头人一样，一点激情都没有；而且，自从你成功之后，就没了往日的温柔，在家里就跟个领导似的，看见你我都有距离感。我不知道你脑子里除了工作和事业，还有没有我，有没有这个家？

妻子反驳说，我这么努力也是为了这个家好呀。谁跟你一样，有个8000块的工作就心满意足了。我还想以后创业呢！

老公说，我不管你有多成功，我只希望有一个爱自己的老婆。她温柔、体贴、善解人意，而且能够感受我的浪漫，能多点时间陪我聊聊天。

后来，老公虽然没有跟那个女人再来往，可妻子心里有了危机感，她感觉再这样下去老公会有出轨的可能。她开始反思自己，发现这两年来由于忙工作，确实忽视了对老公的感情投入，连夫妻生活她都没认真对待过。男人都爱偷腥的，如果家里的老婆再不投入点感情，别人就容易乘虚而入。

是啊，正如老公说的那样，自己这么努力到底是为了什么？难道仅仅是证明自己的实力？如果连自己的老公都没守住，女人的成功还有什么意义？她决定以后多点时间和精力花在老公身上，既要事业成功，也要守得住自己的婚姻。

这个故事告诉我们，男人也是有情感需求的，也会感到孤独寂寞，不是你强大了厉害了，他就不敢偷腥了。当他在你这里得不到满足时，面对外界的诱惑，就容易犯出轨的错误。很多男人出轨，一半是他真的花心，喜欢跟别的女人鬼混，另一半则是自己的女人对她关心不够，给他创造了出轨的机会。

如果男人的情感需求以及他对女人的兴趣、性趣和新鲜感，都能在自己的老婆身上得到满足，那么很大一部分男人就不会戴着“陈世美”的帽子去做对不起老婆的事情。因为大部分男人都是爱老婆、爱家庭、有责任感的。

所以，在男人出轨的时候，女人不能总责怪男人，也应该反思自己。女人要想守得住男人就要增加自己的情感投入，不让老公觉得你忽视了他，把爱情进行到底，把浪漫进行到底，保持不变的激情和热情，满足男人想要的情感需求。

同时，你还要敢于跟“小三”去竞争，不败在她的手下。“小三”漂亮，你可以比她有气质;“小三”温柔，你可以比她体贴;“小三”懂得崇拜他，你也可以赞美自己的男人。不然丢了男人是很失败的。另一方面，“小三”身上也有值得你学习的地方。男人爱上别的女人，这个女人必然有男人喜欢的东西，或许这方面就是你缺少的。当你了解这些后，应该去弥补，去学习，努力比情敌、“小三”做得更好。